버섯과 함께한 40년

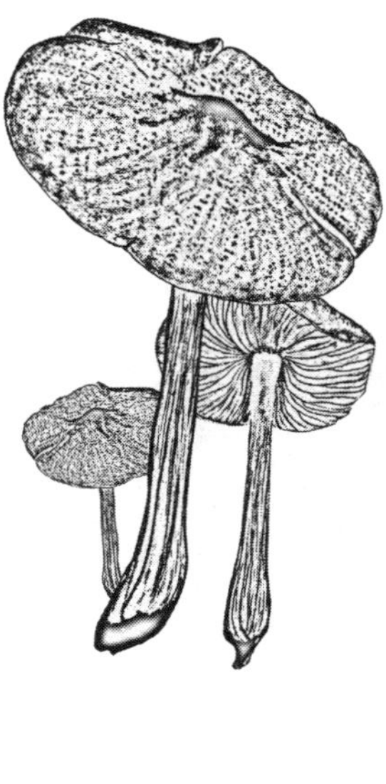

경희대학교
자연사 박물관 조덕현

책머리에

버섯과 함께한 40년

내가 버섯공부를 한 세월이 벌써 40년이나 되었다. 버섯을 통해서 학생들을 가르치고 배우는 생활을 재미있고 즐겁게 하였다고 생각한다. 물론 고통스러운 때도 있었지만. 보통 생물학과를 나왔다고 하면 생물에 대해서 다 아는 것으로 생각하는 사람이 많지만 사실 그렇지 않다. 그래서 흔히 대학의 학부는 전인교육을 한다고 말하는 사람이 있게 된다. 생물학과에 다양한 분야의 여러 가지를 배우기 때문에 뭐 하나 제대로 알지 못하고 졸업하였다. 물론 공부를 하지 않은 탓이 제일 큰 문제지만 생물학과를 나오면 취직이 잘 안되기 때문이라고 말하는 것이 더 적절할 것 같다. 학문은 어떤 분야에 전문가가 된다는 것은 그야 말로 자신과의 싸움에서 이기는 자만이 되는 것이다. 대학의 모든 학과가 자기의 소질이나 취미보다는 실력에 맞게 선택하는 것이 현실이었다. 목적의식이 뚜렷하면 몰라도 거의 수박 겉 핥기식으로 공부하게 된다. 그런 대표적인 사람이 나인지도 모른다.

졸업을 앞두고 취직하려고 애를 썼지만 나에게는 기회가 오지 않았다. 대부분의 학생들이 소위 자기의 전공과는 무관하게 진로를 선택하게 된다. 나는 대학에서 교직을 선택하여 생물교사 자격증을 딴 것이 이 길로 접어드는 기회가 되었다. 또 하나는 대학에서 졸업 논문을 써야 했기 때문에 버섯을 주제로 쓰게 된 것이 누가 전공을 물으면 버섯이라 대답하게 되었다. 버섯이 어떤 생물인지도 모르면서 시작하게 된 것이다. 식물도 동물도 어느 것 하나 제대로 아는 것이 없었기 때문이다.

나에게 버섯을 공부하도록 이끌어 준 분은 이지열교수와 이영록 교수였다. 교편 생활을 할 때 대학원을 진학하도록 이지열교수가 권유하였다. 고려대학교 교육대학원과 대학원에 진학하여 이영록교수의 지도로 석사, 박사학위를 받으면서 본격적인 버섯을 연구하게 되었다. 그로부터 벌써 40여년의 세월이 흘렀다.

여기에 실린 글들은 2007년부터 지금 까지 5년에 걸쳐 월간버섯에 연재하였든 버섯칼럼을 정리한 것이다. 언제나 느끼는 것은 버섯을 연구할 수록 모르는 것이 너무 많다는 것을 느끼고 있다. 그것이 내가 버섯의 세계에 더 빨려드는지도 모른다.

2013. 2.

반포 자이아파트 서재에서 조 덕 현

목 차

목 차

목 차

제 1 부 버섯의 비밀

버섯들의 비밀은?

기상청 발표에 올해부터 장마철 같은 장기 예보는 안한다고 하였다. 이유는 한국이 점점 아열대로 변하면서 기상 예보가 안 맞기 때문이다. 우스개 말로 기상청 반대로 비가 온다고 하면 우산을 챙길 필요가 없고 할 정도이니 말이다. 장마로 예보 했는데 실상 비는 안 내리고, 장마가 끝났다고 했는데 비는 계속내리니 말이다. 특히 올해는 국지성 비가 많이 내리기 때문에 기상청으로는 도저히 해볼 수가 없다. 비는 조금 올 것처럼 예보하여 아무런 대비를 안 했는데 비는 갑자기 폭우로 변하여 피해가 극심하기 때문이다. 이렇게 비가 시도 때도 없이 내리니 말이다.

절구버섯

비가 이렇게 자주 내리면 생태계의 숲은 건강한 모습으로 우리에게 다가온다. 옛날 동화에 비가 오면 우산장수는 웃고, 소금장수는 운다고 한다, 그 반대로 비가 안오고 무더우면 소금장수는 웃고 우산장수는 운다고 한다. 이것은 자연의 조화에 이득을 얻는 쪽이 있으면 다른 한편에서는 손해를 보는 쪽이 있게 마련이다. 이것이 자연의 조화로 양과 음의 이치일 것이다. 어떻게 보면 우리 선조들은 이런 음양의 이치를 슬기롭게 견디어서 오늘날 이렇게 우리가 살아가는 지혜를 전해준 것이다. 요즈음 지구 온난화로 우리나라가 뜨거워져 간다고 큰 걱정을 하고 있는 현실이다. 그러나 너무 온난화를 걱정하는 것은 우리가 거기에 적응이 안 되고 생물의 특성인 항상성에 반하기 때문일 것이다. 생물의 특성인 항상성이란 생물은 외부환경이 변하여도 생체는 언제나 같은 상태를 유지를 하게 마련인데 외부환경에 생체내부를 유지 못하게 되면 생물은 죽게 마련이다. 그러나 생물인 우리 인간은 생체리듬이 온난화에 맞게 점점 적응하게 되면 많은 어려움을 줄일 수가 있다. 온난화가 되어 가면 값싼 열대성 과일의 재배가 가능하게 되어서 이득도 얻을 수가 있다.

비가 자주 와서 균류들은 여기저기 우후죽순처럼 돋아난다. 나는 비가 거치면 우리 동네 인후공원을 가고 학교에서는 학교의 솔밭 등을 자주 간다. 그런데 금년에는 여우꽃각시버섯(Leuscocoprinus fragillsum)을 자주 발견하였다. 나로서는 이 사진이 별로 없어서 생생한 사진을 몹시 고대하고 있었다. 그런데 비교적 희귀종인 이 버섯이 인후 공원, 학교 솔밭동산, 수목원, 운장산 등 내가 채집을 가는 곳마다 발견 할 수가 있었고 그것도 발생이 많아서 수십장 찍을 수가 있었다. 마치 약속이라도 하였다는 듯이 발생하는 것을 보면서 버섯들의 무엇이 이런 현상을 나타나는지 궁굼 하지 않을 수가 없다. 이것을 보면서 같은 종의 버섯들은 같은 해에 같은 여건이 되면 발생하지 않나 생각하지 않을 수가 없다. 몇 년 동안 그렇게 눈을 씻고 찾아도 찾을 수 없든 버섯이 금년에 모든 지역에서 발생하는 것을 보면서 이들의 생리, 생태습성의 신비를 안 느낄 수가 없다. 또 우산꽃각시버섯 뿐만 아니라 애기무당버섯(Russula densifolia), 절구버섯아재비(Russula subnigricans)등도 마찬 가지였다. 물론 매년 같은 장소에서 언제나 변함없이 발생하는 버섯들을 더 많이 볼 수 있다. 어찌 보면 사람들이 자기의 살아가는 방식이 다르듯이 버섯들도 자연의 생태계가 주는 환경에 아주 민감하게 작용하여 올해와 같은 조건이 자기들이 발생하는 가장 최적의 조건인 버섯들만 나오는 것 같다. 그렇다면 그 최적의 조건이 무엇인가. 비가 자주 오는 것, 무더위 때문일까. 아니면 온도와 습도만이 버섯이 발생하는 것을 좌우 하는줄 알았는데 또 다른 중요한 요인이 있지 않을 까. 그리고 버섯의 본체인 균사는 지구상의 모든 곳에 존재하고 있지 않나 생각된다. 계속 연구 조사를 쉬지 않고 하다 보니 애기무당버섯과 색시졸각버섯이 균륜을 형성한다는 것을 관찰한 것은 큰 소득이 아닐 수 없다. 학문이 하루아침에 이루어지는 것이 아니고 더욱이 생태학과 같은 학문은 수십 수백 년에 걸쳐 변화된 것을 하루아침에 알아낸다는 것은 대단히 어려운 일이다. 이런 것은 꾸준한 노력과 인내로 연구하는 수밖에 없다. 나는 살아 있는 한 끊임없는 조사 연구를 통하여 자연에서 자연스럽게 일어나는 자연현상을 밝혀내고 싶은 것이 나의 작은 소망이다(2009.10).

제 1 부 버섯의 비밀

버섯의 생로병사(生老病死)

요즈음 감기로 고생을 많이 하였다. 내가 나이가 많아서 인지 잘 낫지를 않는다. 그래서 사전에 예방하려고 무척 조심하는 데 잘 안 된다. 피곤하지 않고, 스트레스도 받지 않으려고 하지만 생각과는 반대로 움직여서 감기에 걸리고 말았다. 벌써 10여일을 시달리다 보니 만사가 귀찮고, 그러나 그동안 면역이 생긴 탓인지 많이 나아진 것 같지만 아직 기침이 나와서 괴롭힌다. 학생들에게 명색이 감기 안 걸리는 법과 치료법을 40여 년 간을 가르쳐 왔지만 정작 나에게는 무용지물이다. 흔히 감기의 치료법은 잘 먹고 편히 쉬어야한다고 가르치지만 그리고 며칠간은 아니 면역이 생길 때까지는 감기를 한다는 것을 가르치지만 정작 나에게는 그것을 적용하기가 힘들다. 먹는 것은 그런대로 되는 데 쉰다는 것은 어렵다. 스트레스를 받지 말아야하는 데 이것은 말로는 쉬어도 정말 어려운 일이다. 그래서 이번에는 기침이 나오자 바로 병원에 갔지만 별 효과가 없다. 그래도 2~3일 연속 약을 먹고 쉬니 좀 차도가 있는 것 같다. 제일 힘든 것은 연속으로 나오는 기침이다. 나이가 들면 면역력이 떨어지고 몸이 쇠약하니 모든 기능이 제대로 안 돌아간다는 것을 알면서도 나는 그것과는 거리가 멀다고 생각하기 때문이다. 평소에 건강관리를 열심히 하기 때문에 감기가 걸리라고 생각 안했기 때문이다.

마음과 몸이 따로 따로 돌아가는 것이 나이든 사람들의 생각이다. 나이가 들면서 느끼는 것은 몸이 조금만 아파도 금방 죽을 것 같은 생각이 든다. 학생들에게는 병을 무시하고 이기겠다는 마음가짐이 병을 반을 고치는 것이라 말하면서도 나에게는 잘 안되니 어쩐 일인가. 이번 감기에 나는 얼마나 심한지 코가 헐고, 입술이 부르트고 하여간 몸이 안 아픈 곳이 없다. 나는 기침 할 때마다 허리가 아프고 후유증으로 허리가 아파서 고생을 하고 있다. 의사 선생도 허리 아픈 이유를 모르겠단다. 허리가 얼마나 아픈지 누웠다 일어나거나. 자동차 운전에 앉고 내리는 것이 여간 고역이 아니다.

과연 버섯도 병을 앓고 있을 까 물론 앓고 있지만 우리 인간들처럼 고통을 느끼는지는 모른다. 왜냐하면 감각기관이 발달되어 있지 않아서 그것을 알 도리가 없다

생물인 버섯도 세균이나 바이러스로부터 계속 침입을 받고 그 병원균들을 이겨내려고 애쓰고 있을 것이다. 세상에 태어나는 모든 생물은 반드시 죽어야하는 현실에서 태어나고 자라고 늙고 죽음에 이르기까지 생물들은 다 거쳐야 하는 과정이다. 버섯도 발아하여 버섯으로 올라 올 때는 대단한 생명력을 발휘한다. 여우꽃각시버섯(Leucocoprinus fragillssmus)은 처음 땅위로 솟아난 것을 보면 자루는 너무 가늘어서 금방 쓸어 질 것 같지만 험한 비바람에도 끄덕하지 않는다. 그러나 채집하려고 풀 섶을 헤친다든지 사진 찍으려고 조금만 건드려도 금방 쓰러지고 만다. 그것을 바로 세우려고 해도 절대 세울 수가 없다.

어쩌면 땅에서 솟아오를 때는 면역력이 강하여 모진 비바람에 버티지만 갓이 펴지고 포자를 날려 보낸 다음에 급격히 면역력이 떨어지는 것이 아닌지 모른다. 벌써 노쇠하여 면역력이 떨어지기 때문일까. 버섯들도 살아가면서 여러 병을 앓고 있다. 외부로부터 간섭 그래서 반듯이 자라지 못하고 구부러져 자라고, 곤충들로부터 침입을 받아서 균모에 구멍이 나고, 주름살이 할퀴는 고통을 당할 때 버섯도 만만치 않은 고통을 느낄 것이다. 또 사그라질 무렵엔 여러 가지 곰팡이들까지 달려들어 아무 말 못하고 버섯을 썩히는 아픔을 당하면서도 묵묵히 자연의 순리를 받아드린다. 이런 아픔으로부터 이겨내려고 면역력을 버섯도 만들어 내는 것이 항암버섯이나 약용버섯들로 나타난다.

여우꽃 각시버섯

우리 모두 생물이므로 자연의 섭리인 생로병사를 받아드리는 것이 어쩌면 행복하게 사는 지혜라는 것을 깨달아야 할 것 같다(2009.5).

제 1 부 버섯의 비밀

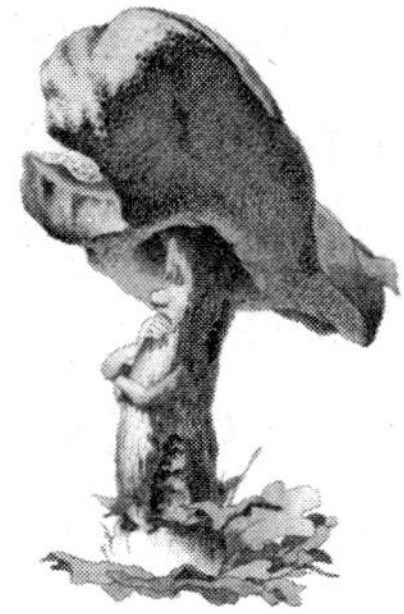

버섯의 균륜

버섯연구를 하는 사람들은 같은 장소라도 매년 여러 번 채집을 가게 된다. 그럴 때마다 전에 보지 못했든 버섯을 채집하게 되고 아니면 작년이나 전번에 채집했든 버섯의 새로운 생태적 특성을 알게 되는 수가 많다.

10여년전 일본의 가고시마(鹿兒島) 대학에 방문교수로 간적이 있다. 그때에 나는 시가현(Shiga縣)에 있는 시가(Shiga)대학의 요코하마(Yokohama)교수를 방문하게 되었다. 목적은 시가대학에 교수로 있다가 은퇴한 홍고(Hongo, 本鄕)교수를 만나기 위해서였다. 나는 미리 한국에서 신간센(新幹線)열차도 탈수 있는 제팬레일 (Japan Rail) 패스를 구입하여 갔기 때문에 요금은 별 문제가 없었다. 기라(吉良 : 가고시마대학교수, 나를 초청한 교수)교수가 가고시마역에서 친절하게 일정을 잡아주어서 편하게 교토(京都, Kyoto)에서 다시 시가로 가는 지선으로 갈아타고 시가(Shiga)현으로 갔다. 기차역에는 요코하마(Yokohama)교수가 마중 나와서 쉽게 시가 대학의 게스트하우스(Guest house)에 여장을 풀었다. 손님은 나 하나였고 관리하는 여자 한 분이 있을 뿐이었다. 한참 있다가 홍고박사가 왔다. 미리 요코하마교수가 연락을 한 모양이다. 인사를 나누고 홍고와 이마제끼(Imazeki) 교수가 함께 저술한 핸드북 도감을 나에게 선물하였다. 나는 아마도 인삼차를 선물한 것으로 기억된다. 다음날 같이 버섯 채집을 하기로 하고 헤어졌다. 나는 잠깐 요코하마 실험실을 구경할 수 있었고, 그 방에는 젖버섯을 연구하는 대학원생이 있어서 인사를 나누었다. 요코하마교수 집으로 갔는데 부인은 직장에 나가고 없었다. 차를 한잔 대접받고 저녁은 파라호(琶羅胡)의 고급식당에서 후한 대접을 받은 기억이 새롭다.

다음날 아침에 홍고박사가 봉고차를 몰고 와서 홍고박사가 자주 채집을 가는 사찰로 갔다. 거기서 홍고박사가 그물버섯류의 신종을 발견한 곳이라고 설명한다. 이처럼 버섯을 분류하는 학자들은 갔든 곳이라도 여러번 가게 된다. 더욱이나 자기가 사는 곳이나 학교에 가까운 곳이라면 말할 나위가 없다. 거기서 홍고박사가 나를 배려하여 일부러 버섯채집에 나선 것이다. 점심때 시내로 돌아와서 홍고박사는 돌아가고 식당에서 식사를 하였다. 우리 같으면 같이 식사를 하고 갈 텐데 이상하였다. 또 점심을 먹고 식대를 지불하는 데 요코하마씨의 태도가 이상 했는데 영문을 나는 알 수가 없었다. 일본은 철저한 자기부담(Dutch pay)이라는 것을 나중에 동경에서 유학하는 제자의 설명을 듣고야 알았다. 아마도 내가 먹은 밥값은 나보고 내라는 것을 나는 알 수가 없었다. 이것이 바로 문화적 충격이다. 하여튼 나는 공짜로 점심을 얻어먹은 셈이다.

버섯은 온도, 습도가 발생에 제일 관건인데 비가 올 때와 가물었을 때, 온도가 고온일 때와 저온일 때의 버섯이 다른 종류가 발생하기 때문이다. 한국에는 봄에 발생하는 것, 여름, 가을, 겨울에 발생하는 것이 있고, 연중 발생하는 것도 있는 것이다. 저온성 균류, 중온성 균류, 고온성균류가 있는 것이다.

나도 정큐레이터와 함께 자주 도로공사 수목원으로 채집을 간다. 내가 근무하는 학교로 가는 도중에 있고 거리도 멀지 않기 때문에 일년에 서너번은 가게 된다. 그런데 이번에는 문헌에 기록 안된 새로운 버섯의 생태적 특성을 알게 되었다. 가령 버섯이 균륜을 형성한다고 기록된 것은 실험실에서 연구된 것이 아니고 자연에서 채집자가 직접 둥그런 원을 형성하여 발생하는 것을 보고 기록한 것이다. 그러니까 도감에 무슨 나무다, 균륜을 형성한다는 것은 다른 문헌에서 인용된 것이다.

이번에 나는 수목원에서 애기무당버섯(Russula densifolia)과 색시졸각버섯

(Laccaria avellanvinacea)이 균륜을 이루고 있는 것을 발견하였고 사진도 찍었다. 이것도 내가 수목원을 자주 채집하러 갔기 때문이다. 이처럼 버섯은 문헌에만 있는 것에 의존 말고 계속적인 관찰이 필요한 것이다. 또 하나는 양송이(Agricus bisporus)도 균륜을 형성하는 것 같다. 조사지역이 사람이 발길이 잦은 지역이어서 반쯤 원을 형성한 것을 보고 결론을 지었다. 내가 생각하기에 모든 버섯들은 균륜을 형성하지 않을까 생각한다. 이것은 버섯들이 자꾸 외부로 먼 쪽으로 뻗어 나가야 자기 종족의 보존에 유리하고 종족을 확산시킬 수 있기 때문이라 생각이 들었다. 산속의 숲에는 편평한 지역이 없어서 균륜을 확인할 수 없고 환경이 버섯발생이 나쁘기 때문으로 생각된다. 그리고 자꾸 외부로 펴져나간 버섯은 균륜이 너무 커진 한부분이기 때문에 균륜을 형성하는 기능을 상실하기 때문으로 생각된다(2009.9).

낙엽버섯의 균륜

제 1 부 버섯의 비밀

버섯 적은 양이라도 매일 먹는 것이 최고

지금 세계적으로 번지고 있는 신종 플루로 온 세계가 들끓고 있다. 더욱이 세계최대강국인 미국조차 어쩔 줄 모르는 형편이다. 우리나라도 처음에는 비교적 안전지대로 생각하고 있었는데 이제는 확진감염자가 하루에 1000명을 넘어서고 있다고 한다. 그래서 예방약인 백신접종과 타미플루를 먹으려는 사람들로 온 의료기관이 북새통을 이루고 있다고 매스컴은 전하고 있다. 그런 와중에서 예방책으로 면역력이 있는 건경식품이나 음식물을 찾게 된다. 그중의 하나가 홍삼이라고 한다. 물론 인삼의 사포닌이 면역기능이 있는 것은 이미 잘 알려진 사실이다. 특히 항암작용이 강하고 항산화작용이 뛰어 났다는 것이 이미 세계에 잘 알려진 사실이다. 며칠 전에 홍삼을 개발하여 판매하는 사업가를 만난 적이 있다. 처음 홍삼 개발에 뛰어 들어 사업을 시작했을 때는 무척 힘들고 어려웠다고 한다. 그런데 요즈음은 홍삼을 원료로 해서 만든 여러 제품이 불티나게 팔려서 홈삼 제품이 없어서 못 팔 정도로 매상이 올랐다고 자랑한다. 그동안의 사업상의 경제적 손실과 어려움을 극복하고 지금은 재미를 보고 있다고 한다. 또 하나는 버섯인데 버섯이 각광을 받고 있다고 한다. 버섯이 함유하고 있는 베타글루칸이라는 물질이 면역기능을 한다는 것은 잘 알려진 사실이다.

그러나 생각하여 볼 것은 홍삼이나 버섯을 먹고 효험을 보고 있는 것은 확실하지만 그 효과가 금방 나타나 것은 아니라는 것이다. 정확히 말하면 홍삼은 건강보조식품이고 버섯은 밥반찬의 일부로서 또는 건강 보조 식품인 것이다. 이 둘 다 인체에 면역기능을 높여주고 있기 때문이다. 그러나 실제 이것들이 얼마나 효과가 있는 지는 정확한 데이터가 없는 것도 사실이다.

팽이(제 배종)

"음식으로 고칠 수 없는 병은 약으로도 못 고친다"는 만고의 진리가 있다. 홍삼이나 버섯을 먹고 면역력을 길러서 병을 예방하고 고친다는 것은 그런 의미에서 아주 옳은 말이다. 그러나 홍삼이나 버섯을 한 두번 아니 몇 번 먹었다고 면역력이 조금은 생길는지 모르지만 그것이 인체에서 면역의 기능을 나타낸다고 보기는 어렵다. 상당한 기간 동안 장복하였을 때만이 효과가 나타나는 것이다. 그것은 사람도 하루아침에 병이 생기는 것은 아니고 오랜 세월동안 병의 원인이 되는 물질이 쌓이고 쌓여서 병이 되거나 암세포가 생기고 발현하기 때문이다. 우리 몸은 세월에 따라 자연히 각종 오염이나 좋지 못한 환경에서 오랜 세월동안 노출되어 왔기 때문이다. 면역력도 하루아침에 생기는 것은 아니고 오랜 세월에 걸쳐서 생기기 때문이다. 항생제에 의한 면역력은 하루아침에 생길런지 모르지만 그것에 의한 병원균의 내성이 생기게 마련이다. 음식에 의한 면역력은 서서히 생기므로 우리 몸이 잘 적응하고 쌓여서 생기는 것이다. 우리는 홍삼이나 버섯을 한 두번 먹고 나면 우리 몸이 불끈 힘이 생기고 독 물질이 다 해소된다고 생각하는 사람들이 많다. 음식으로 면역력을 기르기 위해서는 지금 우리가 살아온 날만큼의 오래세월이 필요하다고 보아야 할 것이다.

면역력의 좋은 점은 우리 몸에 아무런 고통없이 병을 예방할 수 있다는 좋은 점이 있지만 요즈음의 신종 플루처럼 급격히 확산 될 때는 금방 효력이 나타나지 않는 다는 단점이 있다. 따라서 홍삼의 샤포닌이나 버섯의 베타글루

칸의 면역을 기르기 위해서는 평소에 꾸준히 음식으로 먹어야하는 것이다. 약용으로 선전되는 상황, 영지, 동충하초, 아가리쿠스 같은 버섯을 비싼 값에 사다 먹을 것이 아니라 슈퍼마켓에 가면 우리 눈에 잘 보이는 느타리, 팽이, 표고 같은 버섯을 매일 조금씩이라도 먹는 것이 면역력을 키우는 데 제일 좋다. 건강 보조식품으로 먹는 버섯과 우리가 쉽게 구하여 먹을 수 있는 버섯사이에 엄청난 성분의 차이가 있는 것으로 알지만 그렇지 않다.

소문난 잔치 집에 먹을 것이 없다는 속담처럼 매스컴에서 떠드는 비싼 약용버섯을 한번 사다가 먹으면 면역력이 금방 생기는 것으로 아는 데 절대 그렇지 않다. 예방 백신이나 타미플루도 일주일 후에 쯤 효과가 나타나는 것을 보면 잘 알 수가 있다. 우리가 꼭 알아야 할 것은 음식에도 허실이 있게 마련이다. 버섯이 좋다고 버섯을 과용하면 다른 영양소와의 불균형을 초래할 수가 있고 조금씩 매일 빠뜨리지 않고 상식하는 데 있다. 음식의 조화가 있어야 음식을 통해서 면역력을 기를 수가 있는 것이다(2009.12).

제 1 부 버섯의 비밀

건강시대

요즈음 TV를 보면 상당수가 건강식품에 관한 것이라 보아도 무방하다. 어떤 식품은 어디에 좋고 어떤 식품은 어느 질병에 나쁘다고 연일 방송한다. 전문가들도 헷갈릴 정도다. 그 말이 정말 다 맞는다고 생각하는 사람이 얼마나 되는지 의심스럽다. 또 그런 식으로 하여 건강을 되찾았다는 사례, 그런 식으로 하여 성인병을 고쳤다는 사례를 보면서 나는 언제나 씁쓸한 생각을 지울 수가 없다. 어떤 식품이 어디에 좋다고 하면서 반드시 주의 할 점을 내어 놓는다. 실제로 추천한대로 했는데 효과를 못 보는 사람들은 주의할 점을 소홀이 했기 때문이라 말한다. 그래서 방송되는 그 홍수 같은 식품의 효능을 따라 먹는 다는 것은 오히려 우리에게 스트레스를 가져 올수가 있다.

뉴욕 타임지가 선정한 3대 식품이니, 10대 식품이니 하고 추천하는 식품이 희귀한 식품이 아니고 우리주위에서 흔히 먹는 식품들이다. 버섯이나 양배추 등이 건강 3대 식품 이라고 하여 다른 채소는 소홀히 하는 경향은 없는지 곰곰이 생각하게 된다. 우리 몸에 대해서 우리가 알고 있는 지식은 사실은 구우일모에 불과하다. 생물학적으로 채소류들은 다 비슷한 성분을 가지고 있다고 보아야한다. 같은 양이라면 양배추가 몸에 좋은 어떤 물질을 가졌다면 다른 물질은 적게 가졌다는 말이 된다. 양배추가 아닌 다른 채소는 양배추가 가지지 못한 다른 물질을 상대적으로 많이 가지고 있다는 이야기가 된다. 생물들이 생태계에서 살아남아서 종족을 보존하기 위한 물질을 만들어 축적하여 온 것이다. 그러니까 양배추나 다른 채소나 거의 같은 환경에서 생활하여 왔기 때문에 대동소이한 물질들을 함유하기 마련이다. 그래야만 다들 생태계에서 살아남을 수 있기 때문이다. 그 채소들이 남극이나, 북극, 열대에서 자란 채소가 아니라면 말이다. 오랜 세월이 흐르면 지금 우리 몸에 좋다는 물질에 내성이 생겨서 이 내성을 무력화 할 수 있는 물질이 있어야 할지 모른다. 생물들의 몸의 구성 물질은 기본적으로 탄수화물, 단백질, 지방의 성분을 근간으로 이루어져 있다. 그리고 거기에 비타민, 무기염류가 필요한데 이런 것들은 대부분 외부로부터 공급받아야 하는 것들이다. 그래서 특별히 어느 식품이 어디에 월등하다든지 효험이 좋다든지 하는 것은 사실은 너무 억지에 불과하다. 예를 들면 당뇨에 채소류가 좋다고 채소류를 먹으면 병이 낫는 걸로 보통 이야기하고 그렇게들 알고 있다. 그러나 채소류를 먹고 당뇨병을 고쳤다는 말은 들어 본적이 없다. 이것은 우리 인류가 아주 오랜 옛날부터 힘을 얻을 수 있는 물질을 요구하여 왔다. 왜냐하면 인류는 아주 열악한 환경에서 살아 남기위해서는 가장 필요한 물질이 에너지를 많이 발생할 수 있는 탄수화물, 단백질, 지방이 필요하였다.

인류가 습관적으로 많이 먹어온 식품들이 인류에게 어떤 의미에서 내성(적당한 말은 아니지만)같은 것이 생겼다고 볼 수가 있다. 그래서 내성을 이겨 낼

수 있는 물질로 비타민이나 무기염류가 필요했을 것으로 생각한다. 그런데 다행히 채소류가 비타민이나 무기염류를 만들 수 있었기 때문이다. 클로필을 가진 녹색식물인 채소류들은 다른 동물처럼 그렇게 많이 탄수화물, 단백질, 지방을 필요로 하지 않는다. 포유류들은 자기가 이 3대 영양소를 만들 수 없기 때문에 언제나 이 3대 영양소를 가지고 있어야 생존이 가능 한 것이다. 그러나 채소류는 자기에 필요한 영양물질이 부족하면 언제나 스스로 만들 수 있기 때문에 포유류처럼 3대 영양소를 갈구할 필요가 없었던 것이다. 그렇다고 채소류가 3대 영양소가 없는 것은 아니고 이들도 역시 제일 필요로 하는 것이 이 3대 영양소다.

버섯이 건강 3대 식품이니, 10대 식품이니 하지만 매스콤에서 다른 식품처럼 중요하게 취급하는 것은 아닌 것 같다. 그저 보조식품정도로 다루는 것은 무슨 이유인지 곰곰이 생각하게 된다(2012.4).

제 1 부 버섯의 비밀

비만시대

내가 어릴 적 살든 동네에 최모씨라는 사람이 있었다. 어릴 적이라 직업이 뭔지는 몰라도 거의 빈둥빈둥 살아가는 사람으로 기억된다. 그분은 뚱뚱하고 배가 남산만 하게 나와서 걸음걸이도 가뿐하지 않았든 걸로 기억된다. 그래서 사람들은 사장님이라 불렀다. 그 당시는 하루 세끼 먹기가 어려웠든 시기였다. 그래서 배가 나오고 뚱뚱하면 부러움의 대상이었다. 배가 나온다는 잘 먹기 때문으로 생각되었고 잘 먹으려면 돈을 잘 버는 사람이라 생각하든 시기였다. 그런데 내가 외지에서 있다가 집에 가니 그분이 안보여서 물어 봤더니 죽었다는 것이다. 그 당시는 잘 몰랐지만 지금 생각하니 비만 때문에 어떤 합병증으로 죽은 것으로 짐작이 간다. 사실 그때는 암, 고혈압, 당뇨, 비만이라는 것을 들어본 적이 없다. 물론 암, 당뇨, 고혈압 등으로 죽은 사람이 있었겠지만 죽으면 죽는가보다 생각하는 그런 시기였다. 그만큼 먹고 살기가 어려웠기 때문이다. 건강에 대해서 신경 쓸 여유가 없는 시기를 나는 10대를 보낸 것이다. 비만은 흔히들 만병의 근원이라 말한다. 그래서 사람들은 열심히 운동, 식이요법, 약물을 통해서 비만에서 탈출하려고 애쓰고 있지만 그리 쉬운 일이 아니라는 것을 알고 있다. 나는 요즈음 비만의 탈출이 어려운 것을 유전

양송이

자의 진화과정 때문으로 생각 하고 있다. 생물이 지구상에 출현한 것은 몇억년 전이지만 인간이 지구상에 나타난 것은 사실 다른 생물에 비하면 아주 최근의 몇만년 전 일이다. 인간이 출현하면서 인간들의 유전자는 아주 열악한 환경에서 살아야 하는 운명이었다. 그래서 유전자들은 자기가 이 혹독한 생태계에서 살아 남기위한 것이 무엇인지를 알게 되었고 그것을 실현하기 위해서 끊임없는 투쟁을 하여야 했다. 유전자들은 생물들이 살아가기 위해서 제일 필요한 것이 영양이라는 것을 알게 되었다. 영양원 중에서 제일 필요한 것이 무엇인가 생각을 하면 에너지를 많이 내는 것이 효률적이라는 것을 알게 된 것이다. 탄수화물, 단백질, 지방 중에서 단위 그람당 에너지효율이 높은 것이 지방으로 다른 탄수화물이나 단백질에 비하여 2배 이상이나 높다. 그래서 유전자들은 탄수화물이나 단백질보다는 지방을 축적하는 것이 생태계에서 살아가는 데 유리하다는 것을 알게 되면서 지방을 축적하게 되었다고 생각된다. 그렇다면 어디에다 축적하는 것이 유리할까. 인간의 신체에서 제일 중요곳에 축적하여야 필요한때 유용하게 쓰기 위해서 간, 뇌, 심장 같은 곳을 선택하게 된 것이다. 사실 이들 장기가 몸을 움직이는 제일 중요한 장기이고 생명의 본체를 유지하는 곳이다. 간은 우리 몸의 에너지 저장소로서, 뇌는 인간의 신경계를 통괄하여 조절하며, 심장은 에너지를 신체의 필요한 곳까지 배달하여주는 통로 역할을 하는 것이다. 그래서 유전자는 자기의 생명을 이어 갈수 있는 곳으로 가장 칼로리가 많은 지방을 간, 뇌, 심장에 저장하고 다음에 탄수화물이나 단백질을 저장하는 형태로 진화를 한 것이다. 그래야 필요할 때 언제든지 꺼내어 생명을 유지 시킬 수 있기 때문이다. 처음 생명이 지구상에 출현하였을 때는 모든 영양원이 부족하였기 때문에 저장할 여유가 없었지만 생활이 윤택하여 지면서 생활하고 남은 에너지를 간, 뇌 심장에 비축하려고 한 것이다. 그러나 심장에 비축한다는 것은 불가능하다 왜냐하면 심장은 계속 펌프하여 피를 흐르게 하기 때문이다. 대신 그래도 흐름을 피할 수 있는 혈관벽에 축적하는 방향으로 진화를 한 것이다. 그래서 비만한 사람들이 살을 빼려고 하면 유전자는 가능한 한 열량이 적은 탄수화물이나 단백질의 열량을 먼저 빼고 다음에 아쉬움이 있지만 열량이 높은 지방을 빼기 때문에 체중 조절에 어려움이 있다고 생각된다. 유전자는 아직도 언제 어려움이 닥쳐서 굶어 죽을지 모르기 때문이라 판단하기 때문이다. 이것은 인간의 심리에서도 잘 알수가 있다. 인간들도 제일 소중한 값나가는 금, 은 보화를 장롱 깊숙이 보관하였다가 어려움이 있을 때 이것을 꺼내서 필요한 때에 사용하는 것이다. 이런 것은 우리 인간도 알게 모르게 유전자의 진화와 일치하는 행동을 보면 놀라운 일이 아닐까(2012.5).

제 1 부 버섯의 비밀

생과 사의 갈림길

2008년 7월18일은 나에게 있어서 나의 제2의 인생으로 태어난 날이다.

국립공원관리공단의 지리산 자원모니터링조사를 위해서 나는 연구원 정재연씨와 함께 아침 6시10분경 전주를 출발하였다. 아침은 밥 한덩어리(김과 같이 이긴 주먹밥)을 먹고 출발하였다. 날씨는 계속 흐려서 운전하기에는 너무나 좋았다. 지리산의 목표 지점인 대성골의 의신에는 8시20분쯤 도착하여 바로 채집을 하였다. 7월이라 버섯은 다양하게 발생하고 있었다. 거의 12시까지 조사를 하고 대성골 마을에서 점심을 먹었다. 점심을 먹고 다음 조사지인 피아골로 출발하였다.

구례군 토지면에서 피아골로 향하는 길에서 졸음이 오기 시작하였다. 어제 저녁에 제대로 잠을 못자서인지 무척 졸렸다. 옆에 앉은 정재연 연구원에게 이야기 하였지만 들은 척 만척한다. 정연구원도 잠이 오는 모양이다. 피아골로 올라가다 깜박 존 모양이고 그 순간 나는 전봇대와 이정표를 2번 들이박고 정신이 번쩍 들었다. 그 순간을 어떻게 설명 할 방도가 없다. 운전석에서 연기가 나고 문을 열려는데 제대로 열리지 않는다. 충격에 문이 비틀어져 있기 때문

산 다는 것

이다. 나는 가까스로 빠져 나오고 옆에 앉은 연구원에게 문을 열고 나오도록 하였지만 그쪽 문은 꼼짝 안한다. 순간 나는 차가 화염에 싸이면서 폭발하지 않을까 겁이 나서 내 좌석을 통해서 겨우 빠져 나오도록 하였다. 다행이도 차에서는 그 이상의 연기도 안 나고 폭발도 하지 않았다.

내 뒤를 따라오든 승용차에서 아가씨가 내려서 빨리 경찰과 보험회사에 연락을 하라고 한다. 너무 당황하니 무엇을 어떻게 하여야 할지 정신이 하나도 나지 않았다. 차의 정면이 완전히 부서지고 하여 사람이 하나도 다치지 않은 것이 신기하다고 지나가든 차량의 사람들이 말한다. 사실 난 얼굴이 조금 긁히고 오른쪽 갈비가 조금 아픈 정도지 아무 상처도 없었다. 정연구원도 약간 놀라고 했을 뿐 큰 외상은 없었다. 내가 졸음운전 순간에 옆에 앉은 정연구보조원도 존 모양이다. 우리말에 도둑을 맞으려면 개도 짖지 않는 다는 말처럼 보통 때는 내가 졸립다고 하면 옆에서 쉬든지 말을 하여 졸음을 쫓도록 도와주는데 오늘은 그렇지 못했다. 사실 나도 졸음이 와서 그늘진 쉴 곳을 찾든 중 이러한 사고가 난 것이다.

사람들은 차의 부서진 상태를 보고 우리들의 멀쩡한 모습을 보고는 다들 놀라는 기색이다.

아가씨들이 교원나라 자동차보험회사에 연락을 하고 레카회사에서 전화가 오고하여 일단 필요한 조치는 끝났다. 짧은 순간 지옥과 천당을 오간 느낌이다. 사람들은 내려오다 사고가 났으면 굴로 떨어져서 대형사고가 날 뻔 했다고 한다. 또 다행이도 앞에서 오는 차가 없어서 그렇지 내려오든 차와 충돌 했다면 정말 복잡하게 된단다. 내차는 먼저 이정표를 받고 튕겨서 전봇대를 들이받으면서 차가 반쯤 길 가운데 일자로 섰다. 그렇게 되니 오고 가는 차량들이 어려움을 겪게 되고 대형차인 버스들은 정말 어려웠다. 우선 다급한 마음에 서울에 있는 사위에게 전화를 걸고 전주로 내려오도록 하였다. 그랬더니 우리 아들과 함께 내려오겠다고 전화가 왔다. 견인차가 왔는데 이 견인차로는 운반이 어려워서 다른 견인차가 와서 견인하기로 하였다. 구례 자동차 공업사에 와서 사고 처리를 하였다. 죽고 사는 것이 이 짧은 순간이라는 생각이 든다.

나는 아직 내가 할 일이 무언가 있기 때문에 주님이 나를 불러가지 않았다고 생각하게 되었다. 그 정도의 사고면 죽음에 이른다는 사람들의 말을 되새기면서. 7월 18일 이날은 우리 부부가 다시 태어난 날이다. 이제는 옛날의 내가 아닌 무언가 일을 하라고 신이 나에게 계시하는 것이 아닌가 생각된다. 구례역에서 기차를 기다리면서, 기차를 타고 오면서 나는 오만가지 여러 가지 상념에 잠겼다. 나를 다시 태어나게 한 신에게 감사를 하여야 함은 물론이고 내가 앞으로 무엇을 하면서 살아야 할 것인지를.

집에와서 바로 정형외과를 찾아가서 X-ray 촬영을 하고 사진을 보니 두사람 다 다행이도 뼈에는 아무 이상이 없고 목의 인대가 약간 늘어났다고 한다. 입원을 하라고 해서 병원에서 자나 집에서 자나 마찬가지므로 일단 내일 입원하기로 하고 집으로 돌아 왔다. 다음날 정식으로 의사의 진단을 받고 입원을 하려고 하였지만 병원의 시설이나 음식이 너무 열악하여 통원치료하기로 결정하였다. 물론 병원에서는 입원하라고 하지만.

신이여 다시 한번 당신의 뜻을 헤아리도록 도와주소서(2008.9).

제 1 부 버섯의 비밀

어려운 환경을 돌파한 능력과 지혜를 갖추자

모든 생물들이 추운 겨울을 견디어내고 기지개를 켜면서 활동하는 시기가 되었다. 겨울 내내 겨울잠을 잔 동물들, 추운겨울의 혹독한 추위를 버티어 낸 식물들, 그리고 나무속 땅속에서 살아남은 버섯의 균사들 아직 발아시기를 기다리는 포자들.

이 크고 작은 생물들이 바야흐로 새봄을 맞을 준비를 한창하고 있을 것이다. 봄을 기다리는 무리들이 이것뿐만 아니고 사람들도 무언가 준비를 열심히 하고 있다. 작년은 가뭄과 건조가 계속되어 곰팡이 무리인 버섯이 발생하기에는 매우 좋지 못한 환경이었다. 그러나 생물들은 개체보존과 종족보존이라는 본능을 가지고 있어서 어려운 환경이라 하더라도 이것을 돌파할 능력과 지혜를 자기 나름대로 가지고 있는 것이다. 좋은 환경에 비해서 몇 배의 힘든 고통을 감수해야 하지만 이것을 거뜬히 돌파하리라 본다.

그렇다면 버섯의 균사들은 어떤 상태로 겨울을 날 것인가. 이런 연구를 한 보고서는 아직 없지만 여러 가지로 추측을 할 수가 있다. 땅속에서는 휴먼 포자상태로 추운 겨울을 버티어 낼지도 모른다. 땅속의 균사들은 거의 빈사 상태로 되면서 자기가 가지고 있든 에너지를 조금씩 소모하면서 버티어 냈을 것이다. 아니면 다른 흙속의 물체에 기대어 최대한 에너지를 적게 소모하면서. 그러나 고목속의 균사들은 땅속의 균사보다는 훨씬 좋은 환경이라 볼 수가 있다. 나무자체가 균사들의 보호막을 하여 주기 때문이다. 나무들은 보온이 잘되고 습기를 보유하는 보수력이 땅보다는 강하기 때문이다. 그리고 운

흰둘레 그물버섯

이 좋으면 나무가 가지고 있는 유기물질의 이용도 가능하기 때문이다. 그래서 제일 먼저 발생하는 버섯들은 땅에서 나는 것 보다는 나무 등 고목에서 발생하는 것이 많다. 이처럼 버섯들도 자기의 생존과 종족 보존을 위하여 환경과 타협도하고 때로는 환경을 극복하고 있다.

버섯을 연구하는 필자도 지난 겨울은 어떻게 보면 혹독한 겨울이었는지 모른다. 채집도 거의 나가지 않고 그동안 채집한 것을 관찰하고 정리만 하면 된다고 보통 생각하지만 그것은 그리 간단한 문제가 아니다. 특히 모든 것을 혼자서 해결해야 하는 필자의 경우에는 정말 모든 것이 쉬운 것이 하나도 없다. 그나마 나는 보조하는 연구원이 있어서 다행이지만 혼자라면 정말 더 어려웠을 것이다. 이런 것이 요즈음 지방대학의 현실이고 또 이런 연구를 싫어하는 풍토에서 겨울은 혹독할 수밖에 없는 것이다. 필자는 한국의 식용버섯과 독버섯도감을 1년이 가까워 오도록 다 끝내지 못하고 해를 넘긴 것이다. 원고와 사진을 작년 4월에 출판사에 넘길 때는 늦어도 12월안에는 다 끝마치리라 생각하였다. 하지만 현실은 그렇지 못했다. 필름 스캔 등으로 시일이 걸렸고, 스캔이 끝난 다음엔 초점이 안맞는 필름, 해상도가 낮은 필름 등을 교체하는 작업이 있었다. 도감 내용의 배열 등에 문제가 생겨서 시간을 많이 빼앗겼다. 이런 작업이 어려운 것은 또 출판사측에서 잘 팔리지 않는 책이고 게다가 칼라 인쇄로 말미암아 엄청난 조판비가 들어가는 작업이다. 내 생각으로는 비용이 많이 든 책이라 많은 신경을 쓸 것 같은 데 그렇지 않은 느낌이 들었다. 우선 출판사에 이익을 많이 줄 수 있는 책에 더 매달리는 인상을 받았다. 회사는 영리를 추구하기 때문에 당연한 이야기지만 이왕 돈도 많이 투자한 책이므로 더 꼼꼼히 만들어야 할 것 같은 내 생각과는 거리가 있는 것 같았다. 도감들은 다른 책에 비해서 생명이 긴 책이라는 것을 출판사도 잘 알고 있으면서도 상황은 그렇지만은 않다는 생각이 들었다. 이런 저런 일로 도감의 출판이 늦어지게 되는 것이다. 이런 것도 따지고 보면 도감 책이 출판환경에 잘 적응하지 못하기 때문이다. 책이 싸고 인기가 있고 독자들의 호기심을 끌어 들인다면 이런 책들은 환경에 잘 적응한 책들인 것이다.

버섯을 비롯한 생물들은 자연 생태계에서 살아남기 위하여 피나는 노력을 하지만 언제나 뜻하지 않은 복병을 만나게 마련이다. 지금 땅속이아 나무속, 고목 등에서 나오려는 버섯들은 장애물들을 만나서 고전하고 있을 지도 모른다. 따뜻하든 날씨로 온도가 올라가다가 느닷없이 강추위가 몰아쳐 기온이 급강하하면 버섯의 균사들은 동사가 뻔하다. 버섯들은 포자상태에서 발아하여 영양균사가 되면 환경 적응능력이 급속히 떨어진다. 다시 말하면 포자상태에서 견딜만한 추위도 균사상태에서는 견디지 못하게 되는 것이다.

이제 따스한 햇볕이 쏟아지는 봄으로 가는 길목에서 새로운 삶을 개척하기 위하여 태어나는 버섯들은 참으로 대단한 생물들이다. 비단 버섯뿐만이 아니고 생명을 가진 모든 생명체는 그래서 위대하고 아름다운 것이다(2009.3).

제 1 부 버섯의 비밀

죽 음

모든 생물은 태어나면 반드시 죽어야하는 생자필멸인 것을 누구나 다 아는 사실이다. 생태계에서 버섯은 대부분이 3~4일만에 그들은 후회 없는 생을 마감한다. 슬퍼하거나 또 다른 버섯들의 위로도 없다. 그저 자연의 순리대로 그 짧은 동안에 버섯들은 자기들이 세상에 나온 자기의 본분을 다 하고 자연스럽게 생태계 속으로 사라져간다. 다시 말하면 자기의 대를 이어갈 포자를 만들어서 땅에 퍼뜨리고, 바람에 날려 보내고, 또는 곤충 등의 몸에 붙어서 퍼뜨린다. 때에 따라서는 다른 생물의 먹이가 되어 퍼뜨리기도 한다. 다른 생물들이 버섯을 먹을 즈음은 이미 버섯은 자기의 자손이 될 포자를 땅에 흩뜨리고 날려 보내는 것 등을 이미 완료한 상태로 보아도 된다. 그만큼 버섯들은 자기의 천적에게 당하기전에 후회 없는 종족보존을 하는 방법을 아는 것이다. 새로 태어나는 자식들인 버섯들도 자기 부모가 퍼뜨린 곳에서 자기도 새 생명을 지상으로 올라와서 자기 부모가 했던대로 하게 될 것이다. 포자가 떨어진 곳이 각양각색일 것이다. 바람에 날나간 것, 물에 떨어진 것, 곤충의 몸에 붙은 것, 다른 생물의 먹이가 된 것, 모두가 우리가 상상하기 어려울 정도로 곳곳에 떨어 졌을 것이다. 그렇다고 그것들이 다 발아해서 새 생명을 탄생시키는 것은 아주 극소수이다. 버섯들은 나고 죽는 것이 사람들처럼 복잡하지 않은 것으로 생각된다. 그러나 버섯의 입장에서 보면 버섯도 자신이 태어난 곳이 고향이고, 태어나오는 아름다운 모습은 청춘에 해당되며 사그러드는 때는 늙어서 죽음을 맞이할 때는 슬퍼하지 않을 까. 다만 버섯들은 태어나고 죽는 행사가 사람들처럼 복잡하지 않고 단순하며 죽는 것에 사람들처럼 슬퍼하지 않을 뿐이다. 어쩌면 자연의 순리대로 산다고 볼 수가 있다.

나는 생물을 40여 년간을 가르치면서 생활도 유지하고, 공부도하고 연구도 하여 왔다. 살아있는 생물에서 죽고 산다는 것이 중요하다는 것을 별 대수롭지 않게 여겨왔다. 그런 것은 먼 딴 나라 일로 생각하였다고 하여도 과언이 아니다. 간혹 상가집에 가서도 절이나 하고 술 한잔 먹고 돌아오는 것이 상례였다. 물론 상주 앞에서는 그럴싸한 위로의 말을 하지만 그것은 인사치레일 뿐 고인에 대한 슬픔이나 아쉬움을 느껴본 적이 없는 것 같다. 물론 고인을 잘 몰라서 일지도 모른다. 대부분이 상주 때문에 문상을 가기 때문에 가는 슬픔이나 고인을 생각하는 사람은 몇이나 될까 생각하는 것은 나의 편견일까. 어떤 사람들은 잡담으로 떠들고, 화투를 치고, 심지어는 고래고래 소리를 지르면서 싸우는 것을 본적도 있다. 이런 사람들도 어찌 보면 죽음은 먼 강건너 일로 생각하여서 인지도 모른다.

금년에 한 위대한 종교인의 죽음에 모든 사람들이 슬퍼하고 애도하는 것을 보면서 사람은 태어나고 생활하고 하는 것보다 죽는 것이 더 어렵다는 것을 느껴지는 순간이었다. 나는 그분의 태어난 곳이나 삶의 일부도 모른다. 그저 매스컴에서 전해주는 것을 보면서 내가 판단한 것은 죽기가 이렇게 어려운 사람도 있다는 것을 새삼 깨달았다.

위대한 성인의 죽음은 우리에게 많은 교훈을 남겼다. 나는 그분이 인터뷰에서 와병일 때 모든 것을 감사하고 행운아라고 하였단다. 다만 아픈 고통을 빼고서는. 그런데 그것이 자기의 잘못된 생각이라는 것을 깨닫고 아픔과 고통까지를 감사하게 받아들인다는 기도를 올린다는 인터뷰를 보면서 많은 감동을 받았다. 관속에 누워 손에는 나무 묵주를 하나들고 하늘나라로 떠나는 모습은 모든 사람들의 가슴을 크게 울렸을 것이다.

버섯과 사람의 죽음이 이렇게 엄청난 차이가 있는 것은 어디에 있을 까. 사실 따지고 보면 다 같이 한줌의 흙으로 돌아가는 것은 똑같지 않은가. 생물학적으로 보면 생태계에서 모든 유기물 등은 분해하여 자연으로 돌아간다고 가르쳐왔고 거기에는 어떤 차별이 없다는 것을 다 아는데 이렇게 때에 따라서는 우리들에게 많은 감동과 슬픔을 주고 떠나는 사람을 보면서 생물들의 죽음을 다시 한번 음미하게 되는 계기가 되었다.

사그라드는 버섯

제 1 부 버섯의 비밀

버섯의 독

방송매체에서 표고버섯에서 카드뮴이 서양의 기준치에 훨씬 웃도는 수치가 발견되었는데 여태껏 관계당국에서 발표를 안 하고 있다는 보도가 있었다. 카드뮴은 잘 알다시피 일본에서 이따이이따이 병을 유발시킨 장본인이다. 이따이라는 말은 아프다아프다는 뜻이다. 이것은 공장에서 카드뮴을 강으로 흘려보내서 강에서 목욕을 하거나, 물고기를 먹고 생긴 것이다. 이런 오염 물질은 생태계에서 생산자인 플랭크톤이 먹게 되고 이것을 작은 물고기인 송사리 같은 것이 먹고 이것을 큰 물고기인 붕어가 잡아먹게 되고 붕어를 사람이 잡아 먹게 된다. 생태계에서 이렇게 먹이가 한 단계씩 이동하는 것을 흔히 먹이사슬이라 하며 이렇게 될 때마다 오염 물질이 엄청나게 많아진다. 이것을 생물농축이라 하는 데 이 생물농축의 종말이 인간이라는 것이다. 카드뮴 같은 것은 신경계를 손상시키고 위장장해를 일으킴으로서 여러 가지 질병과 합병증을 가져오게 된다.

다행이도 관계당국의 발표에 의하면 표고버섯이 가지고 있는 카드뮴 양은 인간에게 해를 끼칠 정도는 아니라 발표를 안했다고 한다. 흔히 이런데 쓰이는 수치는 LD_{50}(Lethal dose)라는 것으로 설명하는 데 이것은 농약병에 잘 보면 알 수 있는 문구다. 이것을 반치사량이라 하는 데 어떤 살충제를 뿌렸을 때 대상 곤충이 50%가 죽는 것을 의미한다. 버섯의 독에서는 이런 연구를 보면 동물실험에서 무스카린(Muscarine)을 마우스의 복강 내에 주사로 주입하였을 때 Kg당 0.23mg이 반치사량으로 보고 된 것을 보면 아주 적은 양도 위험

수준이 된다고 볼 수 있다. 쥐의 실험이니 이것을 그대로 인간에게 적용하기는 어렵다. 사람의 경우라면 임상실험이 있어야 인간에게 미치는 해독을 정확이 알 수 있을 것이다.

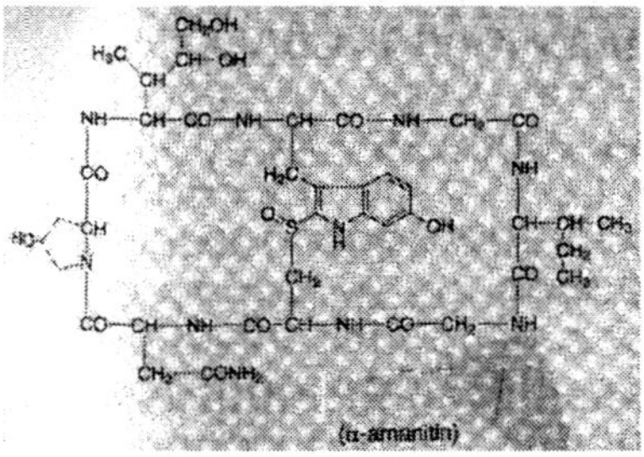

독성분의 구조

모든 생물은 독을 가지고 있다. 독이라는 것은 어떻게 정의를 내려야하는 지 애매 모호한 때가 많다. 인간의 중심에서 보면 먹었을 때 여러 가지 장해와 해를 가져 올 때라고 할 수 있다. 그러나 이 독이 인간에게는 독으로 작용하지만 다른 생물에게는 독이 되지 않는 경우가 많다. 그것은 독버섯을 민달팽이가 먹는 것을 보면 잘 알 수가 있다.

왜 생물들은 독성분을 가지는가? 그것은 생태계에서 살아남기 위한 생존전략인 것이다. 지구가 생긴 이래 많은 생물들이 생겨나고 사라져 갔다. 천적으로 부터 살아남기 위해서 생물들은 자기만의 무기(면역력 것 같은)가 있어야 하는 것이다. 그런 전략중의 하나가 천적이 자기를 먹으면 치명타가 되는 무기(독 등)가 필요한 것이다. 그중의 하나가 독성분을 가지게 되는 것이다. 그러면 다음에는 다시는 자기를 잡아먹으려 들지 않게 되는 것이다. 사람도 독을 가지고 있다. 그중의 하나가 침, 침에는 효소가 있어서 다른 생물에게는 독이 되는 것이다. 내가 어디선가 들은 이야기인데 독사가 머리를 빳빳이 들고 있을 때 사람의 훈기를 쐐면 머리가 폭 꼬까진다는 이야기를 들은 적이 있다. 나는 사실인지 확인을 못했지만 침에 들어 있는 아밀라제 같은 효소가 어떤 생물에게는 분해작용을 함으로서 독으로 작용하는 것이다.

그래서 식용버섯이라 할지라도 많이 먹는 것은 좋지 않다. 그래서 선인들이 과유불급(過猶不及)은 이 시대에도 우리에게 큰 교훈이 되는 말이다. 실제로 일본에서는 표고버섯으로 인한 소동이 있었다고 하며 내가 장흥 버섯연구소에 강의 갔을 때도 재배업자들도 사람에 따라서 약간 위장 장해를 일으

켰다는 말을 들은 적이 있다.

그렇다고 표고버섯이나 식용버섯을 멀리 할 필요는 없다. 적당히 섭취만 한다면 이보다 좋은 식품은 없다. 우리가 빵을 주식으로 하면 비만이 오고 여러 가지 성인병을 일으킨다고 하는데 이 빵(밀가루)에 몸에 좋지 않은 성분(비만 등을 유발하는)이 있다는 것을 의미한다.

생태계의 생물들은 서로 먹고 먹히면서 잘 조화되어 건강한 자연을 유지하고 있다. 삶도 너무 음식을 과식하지 말고 조화롭게 골고루 섭취함으로서 건강한 삶을 유지 할 수가 있다(2010.10).

제 1 부 버섯의 비밀

독버섯

8~9월에 걸쳐 유난이 독버섯의 사고가 매스콤에 오르내린다. 산에 가서 일가족이 또는 동네 사람들이 야생버섯을 먹고 몇 명은 병원으로 실려가고 어떤 사람은 토하고 하여 나아 졌다는 등의 보도를 보면서 많은 생각이 떠오른다. 먼저 이들이 먹은 것이 꼭 독버섯만을 먹어서 인지 아니면 다른 독이든 음식을 함께 먹어서인지 알 필요가 있다. 우리가 흔히 먹을 수 있다는 식물에도 독성분을 가진 식물들이 많이 있기 때문이다. 이들이 먹은 버섯이 무슨 버섯인지는 정확히 알려지지 않고 막연히 색깔이 있고, 먹음직 스러운 것을 먹고 사고가 났다고 하므로 판단이 서지 않는다. 비가 오면 습기가 높게 마련이고 기온도 30도전후로 올라가니 대부분의 버섯이 발생하기에는 안성 마춤이다. 그렇다고 모든 버섯이 다 발생하는 것은 아니다. 그 외에 환경적 여러 요소가 작용하는 것은 버섯도 다른 생물과 별반 다를 바가 없다. 그리고 그것을 먹은 버섯이 여러 종류가 있을 것으로 짐작된다. 특별한 버섯이 아니면 한 종류만으로 먹을수 있을 정도의 버섯을 많이 따기는 어렵기 때문이다. 그 중에는 먹는 버섯도 섞여 있을 것 같고 독버섯도 한 종류가 아닌 두서너 가지 종류가 있지 않을까 생각한다. 독버섯을 구분하는 특별한 방법이 없기 때문에 일반사람이나 특히 버섯도감 같은 것을 접할 기회가 없는 일반 농촌, 산촌사람들에게는 버섯이 이것이 저것 같고 저것이 이것 같아서 구분하기란 정말 어렵울 것이다. 또 버섯이란 어릴 때, 성숙하였을 때, 노쇠 하였을 때, 사그라들 때의 모양, 색깔, 냄새가 약간씩 틀리거나 엄청 틀린 것이 많아서 이들을 정확히 구

부하기는 전문가들도 어려운 실정이다. 독버섯의 구분은 조상대대로 내려오면서 많은 경험에 에 의하여 그 지방에서 밝혀진 것들이 많은 데 지금은 터를 잡고 사는 사람이 적고 뜨네기들이 자기 나름대로의 지식으로 한 마디씩하여 식용, 독버섯을 말하므로 사고는 일어나게 마련이다. 솔밭에서 나는 버섯을 어렸을 때 먹는 것을 보았으므로 이 버섯은 소나무가 있는 곳에서 발생하였으므로 먹는다고 우기는 사람도 많이 본 적이 있다. 그야말로 버섯의 독버섯에 대한 생각은 장님 코끼리 다리 만지기식의 생각을 많이 하고 있다는 것이 큰 문제다. 인터넷이 발전하고 매스콤이 발달하여 어디서 어떤 보도를 하면 그것이 정확한 보도인지 판단하지 않고 거의 맹목적으로 믿는 다는 것이다. 그래서 어떤 프로에서는 버섯 채취하는 모습을 방영하면 버섯은 다 먹는 것으로 인식한다. 반면에 독버섯 사고가 나면 무조건 버섯을 먹으면 독버섯 사고가 나는 것으로 일반사람들이 생각하는 데 있다. 실제 방송에서 다큐로 방영되는 버섯 그림의 대부분이 틀리게 방영되는 것을 보면서 나는 늘 안타깝게 생각하곤 하였다. 내가 요즈음 생각하는 것이 정년을 하면 독버섯 정보쎈터 같은 조직을 만들어서 다큐현장에서 찍은 버섯을 정확한 이름을 자문 하는 일을 하는 것도 한국의 과학 미래에 보탬이 안될까 하는 생각한 적이 한 두번이 아니다. 독버섯 사고가 나는 것은 욕심과 조급함을 너무 내는 데서 일어난다고 본다. 버섯을 따서 조금만 버섯을 관찰하면 목숨을 앗아가는 버섯 사고는 얼마든지 막을 수 있다. 버섯은 시간이 지나면 모양, 색깔이 많이 변한다. 버섯을 따 가지고 와서 요리하기 전에 주름살의 색깔이 변했는 지 안변했는 지, 냄새는 어떠한지 등을 살펴 볼 정도의 여유는 가져야 한다. 가령 외대버섯의 주름살은 흰색에서 분홍색으로 변하는 데 음식으로 요리하기 전에 버섯의 주름살을 살펴보면 쉽게 알 수 있다. 또 자루가 잘 부러지므로 한번 분질러보면 도움 된다. 물론 외대버섯에 식용하는 것도 있다. 주름살이 분홍색으로 변하는 것 중에는 난 버섯이 있는 데 이것들은 자루가 잘 부러지지 않고 질긴 편이다. 그리고 주로 고목에 발생한다. 이런 것을 조금만 알면 독버섯 사고는 많이 줄어 들것이다. 지금 독버섯 사고를 일으키는 대부분은 광대버섯과의 버섯일 것으로 추측된다. 왜냐하면 크고 먹음직스럽고 식용적 가치가 있어 보이고 주름살의 색깔도 변화가 없어서 싱싱하여 보이기 때문이다. 이 버섯은 전형적인 버섯의 대명사로 균모(갓), 주름살, 자루(대)로 되면 균모에 인편이 있는 데 비가오는 때는 비에 이 인편이 씻겨나가기 쉽다. 주름살은 흰색으로 거의 벼화가 없다. 자루에는 전형적인 턱받이(Ring) 가 있는 데 이도 역시 없는 것도 있고 금방 소실되는 것도 있다. 자루 밑이 둥글게 부푼 것(대주머니)등이 있는 것이 있지만 없는 것도 있다. 이처럼 버섯이 마치 요술 방망이처럼 변화무쌍한 것이 많아서 일반인들이 식별한다는 것은 대단히 어려운 일다. 또 무더기로 발생하여 사람의 호기심을 끄는 것은 갈황색미치광이버섯인데 가을 무렵에 느티나무에 황갈색의 아름다운 버섯이다. 무데기로 나기 때문에 사람을 유혹하는 것이다. 또 하나는 노란다발 이 버섯은 우리나라 어디에서든 지 많이 보는 버섯으로 이것도 무데기로 나며 처음에는 정밀 아름다워서 차마 이런 버섯이 독버섯이라 생각이 안가는 버섯이다. 버섯의 색깔이 아름답다, 아름답다지 않다는 것은 상당히 주관적인 것이 많다. 대체로 붉은 색하면 아름답다고 하지만 동시에 무서움이 있는 것이고, 순수한 백색, 노랑을 보면 아릅답다고 생각도 들지만 동시에 청순가련한 생각도 들게 때문에 먹는 버섯으로 오인하게 되는 것이다.(2010.12)

화경버섯

제 1 부 버섯의 비밀

아리송한 독버섯들

지난해 독버섯 책을 쓰면서 독버섯에 대한 정의가 너무 너무 어려웠다. 똑같은 버섯을 어떤 학자는 독버섯으로 기술한 반면에 어떤 학자는 식용이라고 하고 또 식용버섯이라 기술해 놓은 버섯을 다른 책은 독버섯으로 설명하여서 어디에 초점을 맞추어야 할지 난감한 적이 한두 번이 아니다.

이와 같은 현상은 독버섯에 관한 연구가 미진하다는 것을 말하지만 근본적으로 독버섯이 오랜 경험에 의한 것이어서 민족, 지역, 사람에 따라 다른 경험을 하였기 때문이다. 나아가서 같은 버섯을 다른 버섯으로 잘못 알기 때문이기도 하다. 사실 전 세계에 2만종이 넘는 버섯의 독성분을 검사하고 그것을 임상실험을 통하여 독성 여부를 판단한다는 것이 대단히 어려운 것이다. 독버섯에 대한 시각도 각각 다르다. 예를 들면 독성분을 기준으로 무조건 독성분을 가지고 있으면 독버섯으로 분류할 것인가 아니면 독성분을 미량가지고 있어도 인간에게 해를 주지 않는 다면 식용버섯으로 볼 것인가 등 그것을 정하기가 무척 힘든 것이다. 그래서 이미 말한 똑같은 버섯에 대하여 어떤 사람은 식용버섯으로 어떤 사람은 독버섯으로 분류하여 혼란스럽게 만드는 것이다.

마귀광대 버섯

옛날부터 식용버섯이다 독버섯의 기준은 순전히 경험에 의한 것들이다. 다시 말하면 버섯을 먹어보니 맛과 향기도 좋으므로 식용버섯으로 취급하게 되고 먹어보니 구토를 한다든지 오한이 온다든지 하면 독버섯으로 취급하였다. 이런 현상은 전 세계의 어느 민족이나 이렇게 해서 식용버섯, 독버섯이라 하였다. 그러니까 독버섯이다 식용버섯이다라는 것은 사실 수 백년 내려오면서 자연스럽게 정하여진 것이다. 버섯은 처음 발생할 때의 모양과 색깔이 어릴 때, 성숙하였을 때, 사그라질 때가 다르다. 또 물기가 많을 때와 건조할 때의 색깔 등이 틀려서 똑같은 버섯에 대하여 전연 다른 종으로 구분하기 때문에 혼란이 오게 되고 같은 버섯에 대한 식용, 독버섯이 엇갈리게 된다.

버섯의 성분은 잡다한 성분으로 구성되어 있다. 따라서 식용버섯도 독성분을 가지고 있고 독버섯도 맛좋은 성분을 가지고 있어서 문제가 된다. 마귀광대버섯(Amanita pantherina)는 독성분인 무스카린도 가지고 있지만 맛좋은 이보테닉산의 성분도 가지고 있다. 결국 독버섯이란 독성분과 맛좋은 성분 중 어느 성분을 많이 가지고 있느냐가 문제가 된다. 그래서 사람들이 버섯을 얼마만큼 먹느냐에 따라서도 식-독버섯이 다르게 된다. 지금은 과학적 방법인 LD_{50}(Letal dose)이란 것을 기준으로 사람에게 해를 주는 기준으로 정하려고 하지만 이것도 그리 쉬운 일이 아니다. 이것은 주로 농약 등에 많이 사용하는 용어인데 우리말로는 반치사량이라 번역할 수 있는데 어떤 개체의 50%를 죽일 수 있는 살충제의 양을 말한다. 실제 버섯의 얼마만큼이 이 수치에 해당하는지를 알 수 없는 것이다. 아주 오랜 옛날에는 식량문제 해결이 어느 민족에게나 제일 중요하였기 때문에 생태계에서 살아남기 위해선 여러 먹거리를 구하는 과정에서 버섯도 먹게 되었고 이런 경험이 오랫동안 쌓여서 먹는 버섯, 독버섯으로 구분하여 왔다고 볼 수 있다.

독버섯은 민족에 따라서, 사람의 체질에 따라서 약간씩 다르게 그 중독 증상이 나타날 것으로 생각도 된다. 그것은 술을 잘 마시는 사람이 있는가 하면 한 모금만 마셔도 취해서 어쩔 줄 모른 사람이 있는 것을 보면 알 수 있다. 중국 사람들은 독버섯을 식용은 물론 암치료에까지 이용하는 것을 보면 알 수 있다(2008.3).

제 2 부 버섯들의 생존

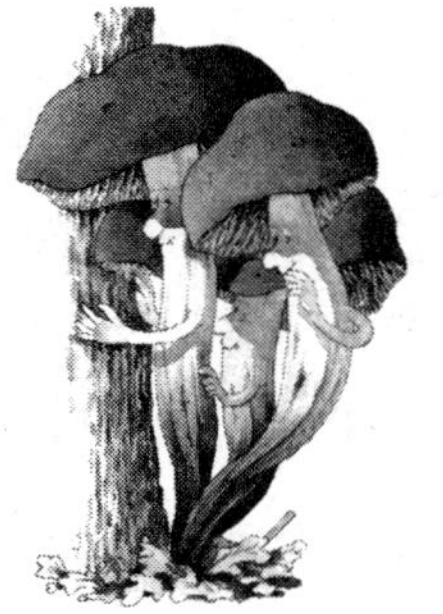

버섯의 생존전략

올해는 마른장마라 한다. 장마철인데 비가 오지 않아서 하는 말이다. 그렇다고 장마전선이 없는 것은 아니고 먼 남쪽에 걸쳐 있어서 북쪽의 고기압에 밀려서 좀처럼 북상을 못하고 있다고 기상대는 전하고 있다.

사실 버섯은 7~8월에 제일 많이 발생한다고 보아야 할텐데 좀처럼 비가 오지 않으니 버섯이 많이 발생할 리가 없다. 그렇다고 비가 전연오지 않는 것은 아니고 가끔 국지적으로 소나기가 오기도 한다. 일기예보도 비가 온다고 예보는 하지만 막상 그날이 되면 오보이고 비가 안 온다고 했는데 비가 쏟아지기도 한다. 정말 가늠하기 힘든 일기예보다. 요즘처럼 온도가 30도를 웃도는 불볕더위 속에서도 버섯이 발생하는 것을 볼 수가 있다. 그만큼 생명력이 강하다는 증거일 것이다. 보통 버섯은 습기에 따라 진화하는 것으로 알지만 반대로 건조 기후에 적응하여 진화하는 것도 있는 것으로 알려져 있다. 이것은 버섯이 지금처럼 비가 오지 않고 무더위가 계속되면 종족 보존이 안 되기 때문에 반대로 기후에 적응하는 건조와 무더위에서 살아 갈 수 있는 방법을 택한 무리가 있는 것이다.

이것은 자연 생태계에서 자연스럽게 일어날 수 있는 생물들의 생존전략인 것이다. 이것은 사막에서 생물들이 생존하는 것과 유사하다. 사막에서는 물도 부족하고 먹을 것도 척박하지만 거기에 순응하는 법을 터득해야 살아남는 것이다. 더위에 물 부족에 대항하는 적응과 면역력을 길러서 그 방향으로 자꾸 진화해야 하는 것이다. 그래서 사막에도 생물들의 생태계를 이루면서 살아가는 것이다.

버섯도 여름에 꼭 습도와 온도가 버섯에 알맞은 환경을 제공하여주는 것만은 아니기 때문에 그중의 일부는 이것과 반대 방향의 진화의 방향을 터득하게 된 것이 아닌가 생각된다. 무릇 생태계에서는 같은 무리라 할지라도 서로 반대 방향의 진화를 하는 생물이 있게 마련이다. 예를 들면 곤충무리에서는 육지에서 사는 곤충이 있는가 하면 물속에서 생활하는 수서 곤충이 있는 것과 비슷하다고 볼 수 있다.

버섯 중에서 잔나비불로초(잔나비걸상)(Ganoderma applanata : Elfvingia applanata)는 비한방울 없고 무더운 여름에 오히려 생생하게 고목이나 살아 있는 나무의 껍질에서 발생하는 데 버섯 본연의 윤기가 흐르는 것 같은 느낌을 받는 버섯이다. 이것들은 목재부후균으로 약재로도 이용하며 기와장처럼 겹쳐서 많이 발생한다. 겹쳐진 아래의 버섯의 균모(갓)에 포자가 황색가루의 포자가 분가루처럼 떨어져서 아래버섯의 균모의 색깔이 약간 빨갛고 손으로 만지면 분가루처럼 부드러운 감촉을 느낄 수가 있다. 이런 버섯은 습기를 피해서 오히려 건조한 방향으로 진화를 하고 있지 않나 많은 학자들은 생각하고 있다. 버섯의 이름이 말해주듯이 일본에서는 이 버섯이 대형인 것들이 많아서 원숭이들이 이 버섯에 앉아있는 것을 보고 잔나비걸상이라 이름 붙였다. 이제는 학명과 우리말 이름이 개칭되었지만 이 버섯의 특징을 잘 말해주고 있다.

잔나비 불로호

우리 사람들도 황금만능주의 사상에 오직 돈을 버는 것에는 물불을 가리지 않는 사람이 있는 가하면 이런 세속의 물욕을 다 버리고 수도사나 승려 생활을 택하는 사람들을 보면 이세상의 생활에는 긍정이 있으면 부정도 있고 양이 있으면 음이 있다는 것을 알아야할 것이다. 그러므로 내가 생활하는 것이 언제나 기본이라고 남에게 강요해서는 안되는 것이다. 우리가 사는 것을 하찮은 것으로 생각하는 사람도 있다는 것을 알 필요가 있다. 버섯도 대부분의 버섯이 습기에 따라 진화 생활하는 것과 반대로 건조한 것에 적응 진화 하는 것도 있다는 것은 우리네 인간과 살아가는 방법은 똑같다고 보아야 할 것이다(2008.8).

제 2 부 버섯들의 생존

버섯들의 무더위 극복

올해는 유난히 덥다. 이상기후가 지구 곳곳을 강타하고 있다. 그 여파인지 우리나라도 연일 전국이 30도를 웃도는 더위에 죽는 사람이 있고 열대야로 잠을 설치는 사람이 많다고 연일 매스콤은 전하고 있다.

이런 이상기후에 살아남기 위해서 생물들은 자기들만의 생존전략을 구사하고 있다. 만물의 영장인 사람들은 선풍기다. 에어콘이나 냉장고 등을 이용해 더위를 헤쳐 나간다. 다른 동물들도 그 나름대로의 여러 가지 방법을 동원한다. 열대의 동물들은 그래서 먹이와 시원한 곳을 찾아 이동하는 것이다. 그렇다면 균류들은 어떤 방법을 선택할까? 더위가 심하고 습기가 없기 때문에 이런 것에 적응된 균류들이 살아남게 마련이다. 균류들은 어떤 방법으로 더위와 추위를 견디어 내는 지에 대한 연구는 없지만 균류의 진화로 미루어 볼 때 균류들은 가느다란 균사를 이용해서 상상도 하지 못하는 곳에서 수분을 끌어올리게 된다. 특히 아무리 더운 날씨라 해도 아침에는 이슬이 맺히는 것이다. 그런 이슬을 어떤 방법으로든 이용하지 않을까 생각한다. 아마도 후막포자를 형성하는 간균(Bacillus)들은 아포를 만들어 살아날 것이다. 그렇지 않은 균류들은 아포에 버금가는 자기들만의 보호막을 가지고 살아 남으리라 생각된다. 그런 것들의 하나가 어쩌면 땅에서 균사를 만들었지만 발생여건이 맞지 않아서 그대로 땅속이나 나무속에서 죽을 수 있다. 그러나 이들은 휴면포자를 만들어서 이 더위를 견디어 내는 것들도 있게 마련이다. 사실 땅속이나 나무속은 겉 표면과는 많은 차이가 있다. 땅속에 있는 균사들은 우선 자기들의 균사를 땅속 깊숙히 뻗어 들어가서 상상하기도 어려운 곳에서 수분을 끌어 올려서 연명하리라 생각된다. 나무 껍질 등에 있는 균사들은 나무 껍질들이 얼마나 좋은 보호막인가. 그들은 나무가 죽지 않는 한 절대로 죽지 않고 나무와 운명을 같이 할 것이다.

잣버섯

버섯재배업자들은 인위적으로 물을 뿌리고 습도를 90%이상을 유지시켜서 버섯 발생에 지장이 없도록 하고 또 온도도 너무 올라가면 재배사들은 차광막을 들어 올려서 온도를 낮추고 재배사들에서는 선풍기나 에어콘 같은 것들로 온도를 낮추고 있는 것이다. 이러한 것들은 마치 온실의 화초들처럼 자연의 적응력이 떨어져 노지에서는 살아남기가 불가능하다. 그러나 자연의 모진 풍파에 견뎌온 자연에 적응하여 온 야생의 버섯들은 언제나 살아남게 마련이다. 그래서 한줄기 시원한 소나기나 빗줄기가 내리면 그사이에 버섯을 발생시켜서 자기의 유산인 포자를 한껏 날려 보내거나 물에 흘려보내서 살아남게 마련이다. 도저히 버섯이 발생하지 않을 것 같은 곳에서 버섯을 발견하게 되면 이들의 끈질긴 생명력에 감탄을 아니 할 수가 없다.

몇 년 전 러시아의 시베리아에 있는 이루크축크에 간적이 있다. 물론 여름이어서 온도가 무척 올라가서 30도를 넘나든다. 사람이 앉는 의자에 잣버섯이 돋아난 것을 보고 놀랐다. 잣버섯은 자기가 생존할 수 있는 짧은 기간을 기막히게 이용하는 것이다. 사막에서는 버섯이 발생하지 않는 것으로 알지만 사우디아라비아에서 버섯우표가 발행된 것을 보면 더운 사막에도 어떤 방법으로든 버섯들이 더위와 싸워서 살아간다는 것을 알 수 있다.

대부분의 생물들은 인간이 지구상에 나타나기 훨씬 이전에 출현하였다는 것은 무엇을 의미하는가. 그 이전은 도저히 생물들이 생존하기 어려운 시기라 생각된다. 지구는 태양의 일부가 떨어져 나와서 생성되었다고 한다. 처음 태양에서 떨어져 나왔을 때 얼마나 뜨거웠을 가. 그것이 식는 과정에서 몇날 며칠이 비가 내리고 뜨거운 용암이 흘러내리고 그런 과정에서 무수한 화학반응이 일어나는 산물로 생명체가 태어났다고 한다. 그렇다면 사람 이외의 생물들은 대다수가 더위나 추위에 견딜 수 있는 유전인자를 태생적으로 가졌으리라 생각된다. 그렇기 때문에 현재 우리가 경험하는 더위 정도는 쉽게 극복할 수 있는 유전인자가 존재하므로 무더운 올해도 내년에도 버섯은 계속 발생할 것이다(2010.9).

제 2 부 버섯들의 생존

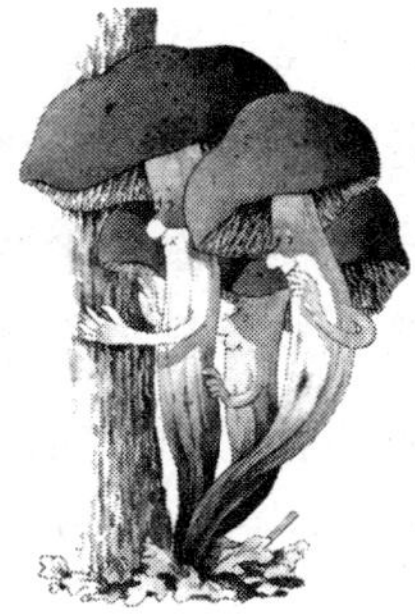

겨울 버섯들의 생존

흔히 사람들은 추운 겨울에는 버섯이 나지 않는 것으로 생각하는 사람도 있고 또 어떤 사람들은 사시사철 버섯이 발생하는 것으로 아는 사람들이 있다. 이것은 그만큼 아직도 사람들이 버섯에 대해서 잘 모르는 사람들이 많다는 것이고 아니면 학교같은 교육기관에서 버섯을 거의 가르치고 있지 않기 때문일 것이다. 그저 버섯은 먹거리의 일부인 밥반찬으로 먹고 있기 때문이다. 매스컴에서 선전되어 팔고 있는 먹거리가 아니기 때문일지도 모른다. 그러나 건강 5대 식품이니 10대 식품이니 하면 버섯은 단골 메뉴로 오르지만 매스컴에서 그리 다른 식품처럼 선전이 안 되기 때문에 건강에 좋은 것은 알지만 인기가 별로 없는 것 같다.

2009년 12월 하순에 전라도 뿐 아니라 전국적으로 몇 십년 만에 눈이 엄청나게 내린 적이 있다. 눈 때문에 사람들은 교통대란이니 교통사고니 하면서 어려움을 겪는 사람도 있었지만 나의 속마음의 기대는 상당히 컸다. 왜냐하면 이 추운 때에 발생하는 팽나무버섯(팽이)이 있기 때문이다. 겨울에 이 버섯을 찍으러 지리산이나 가까운 운장산, 모악산에 가려해도 교통이 마땅치 않고 또 채집하기 위하여 산을 오르는 것도 어렵기 때문이다. 지금 나는 우리 아파트 옆에 조그만 공원 동산을 쉽게 갈 수 있기 때문에 만약에 팽나무버섯을 발견한다면 그것은 큰 행운이 아닐 수 없다. 이미 나는 내 나름대로 팽이나무 버섯이 발생 할만한, 그래서 눈만 내리면 팽나무버섯이 발생할 만한 고목이나 서식장소를 눈여겨 놓았기 때문에 바로 그 장소로 가면 시간과 어려움을 줄일 수가 있다. 그러나 아직은 팽나무버섯을 발견 못하고 있지만 아직 시간이 많기 때문에 계속 채집에 나설 예정이다. 눈 속에 한 떨기 꽃처럼 어쩌면 복수초처럼 눈 속에서 얼어 죽지 않고 눈 속을 뚫고 나오는 것은 생명 그 자체의 신비로움을 나한테 선사하기 때문이다. 물론 추운겨울에 발생하는 버섯이 팽나무버섯이 대표적이고 먼지버섯은 추운 겨울에 얼음 속에서 발생한다. 사람들은 쉽게 발견 못하기 때문에 대부분의 도감에는 겨울에는 발생하지 않는 것으로 기록되어 있다. 그 외에 구멍장이 버섯류의 일부도 사시사철 발생하는 것으로 기록되어 있지만 실지로는 이미 더운 여름과 가을에 발생한 것들이 죽지 않고 고목에 붙어 있다고 보아야 할 것이다. 실제 매서운 추위 속에서 발생하는 팽나무버섯이야 말로 겨울버섯의 꽃이라 할 수가 있다. 10여 년 전 내가 모악산에 눈이 엄청 많이 내린 겨울철에 채집 갔을 때 눈 속에 파묻힌 고목에서 살며시 균모(갓)만 올라 온 것을 카메라에 담을 수가 있었다. 물을 많이 머금고 하여 색깔은 거의 검은 갈색을 나타내고 있었다.

치마버섯(Schizophyllum commune)도 다 사그라들고 말라 비틀어져 있어도 눈의 물기로 생생하게 피어나는 것을 보면 생명의 위대함을 느끼게 된다. 사실 이런 버섯들은 말라 죽은 것 같지만 나무속에 있는 균사는 나무속에서 추위와 굶주림을 잘 버티어 내는 것이다. 물론 균사로 된 자실체도 죽지 않고 추위와 굶주림을 버티면서 물기와 따스함을 기다리면서 이 추운 겨울을 살아가는 것이다. 사람들은 버섯을 하찮은 생물이라 평하지만 버섯 그 자체는 사람처럼 위대하고 고귀한 삶을 영위하는 것이다. 왜 하필이면 온도, 습기가 자기들 생활에 적합한 여름철을 마다하고 겨울에 발생하는 지는 이들의 생존경쟁과 종족보존 때문일 것이다. 팽나무버섯은 한 대성 버섯이기 때문에 겨울철이 자기가 생활하는데 제일 적합하기 때문일 것이다. 먼지버섯은 자기 종족을 추운 겨울에도 전파하여야 종족이 보존되기 때문일 것이다. 치마버섯들은 이렇게 열심히 사시사철 살아남기 때문에 가장 흔한 생존력이 강한 버섯이 된 것이다. 이런 추위와 열악한 조건에서도 살아남는 이런 버섯들로부터

우리 인간도 무언가 배워야 하지 않을까?(2010.2)

먼지버섯

제 2 부 버섯들의 생존

달팽이와 버섯의 공존

생태계에서는 모든 생물들은 생존을 위하여 피나는 투쟁과 싸움을 통하여 그들의 종족보존을 유지하고 있다. 우리는 이러한 투쟁적인 면만을 강조하여 마치 생태계에서의 생물들은 오로지 살아남기 위한 싸움이 전부인 것처럼 인식하는 경향이 있다. 그러나 사실 잘 들여다보면 이렇게 살아남기 위한 싸움만 하는 것은 아니고 그 투쟁 속에서도 서로 도와가면서 생활하는 것들도 많다. 그것이 약자들이 생존하고 있는 이유일 것이다. 생태계의 잔혹한 투쟁만 있다면 살아남을 생물은 사실 없게 된다. 투쟁만 한다는 것은 그들 생물들이 자기들의 영역과 목숨마저도 위협받을 요소가 많기 때문이다.

민달팽이

왜냐하면 생물들은 피해를 준적에게 반드시 보복이라는 것이 뒤 다르기 때문이다. 처음에는 천적에게 무방비로 당하지만 그 다음에는 천적에게 대항할 무기를 만들어 가는 것이다. 사람이 병이 나면 항생제를 먹어서 치료하지만 그사이에 병을 일으킨 박테리아나 바이러스는 항생제에 대항하는 내성균으로 발전하는 것이 좋은 본보기가 될 것이다. 약한 자들은 서로 뭉쳐서 자기보다 강한 적에게 맞서 싸우는 것은 인간의 역사에서 흔히 볼 수가 있었든 역사적 사실이다. 삼국시대에 신라와 백제가 동맹하여 고구려의 남하를 저지하려고 라제(羅濟)동맹을 맺은 것을 보면 잘 알 수가 있다.

그러나 생태계에서는 전연 다른 생물끼리 상호 의존하면서 공존하는 것에 달팽이와 버섯이 있다. 느림보 민달팽이는 그야말로 아주 느리게 움직여서 버섯을 갉아먹는다. 이게 무슨 공존이라고 말하겠지만 버섯은 먹이를 제공하는 대가로 포자를 민달팽이의 몸에 묻혀서 포자를 퍼뜨리는 것이다. 재미있는 것은 달팽이가 주름살을 제일 먼저 먹는 다는 것이다. 이것은 주름살에 포자를 만드는 담자기가 모여 있고 여기에 포자를 만든다. 포자에 제일 좋은 영양분을 축적하고 있다는 것을 알기 때문이다.

그렇다고 버섯의 포자를 다 갉아먹는 것은 아니고 일부만 먹고 사라진다. 너무 오래 갈아 먹으면 천적에게 들킬 위험이 높아지기 때문이거나 아니면 다음의 식량원으로 남겨 놓으려는 생각 일수도 있다. 주름살을 먼저 먹게되면 위에서 볼 때 민달팽이는 보이지 않는다. 민달팽이가 주름살에 붙어서 갉아먹고 있는지 아닌지를 모른다. 천적에게 발견되지 않게 되어서 안심하고 느림보 민달팽이는 포식을 하게 된다. 주름살을 먹은 다음엔 균모를 갉아 먹고 맨 마지막으로 자루를 먹는다. 민달팽이도 버섯이라는 먹이를 놓고 다른 민달팽이와 경쟁을 하는 것 같다. 본인의 경험에 비추어보면 한 버섯에 두 마리이상의 민달팽이가 있는 것을 본 적이 없기 때문이다. 민달팽이가 먹은 주름살 아니면 먹이 주위에 반들반들한 셀로판지 같은 것이 있는데 이것은 달팽이가 자기 먹이임을 알리려는 것으로 보이며 다른 민달팽이에게 자기 먹이임을 알리려는 영역표시방법인 것 같다.

어떻게 보면 민달팽이의 일방적인 것으로 보이지만 움직일 수 없는 버섯으로서는 이것이 자기종족 보존의 최선의 방법이다. 독버섯도 민달팽이에게는 좋은 먹이 감이다. 민달팽이는 버섯의 종류를 가리지 않는다. 식용버섯, 독버섯 딱딱한 목재부후균 무리인 민주름버섯도 민달팽이에게는 좋은 먹이감으로 이용된다. 민달팽이가 독성분에 해를 받지 않는 것은 독성분을 분해하는 효소를 내어서 자기 몸에 퍼지기 전에 분해시켜버리기 때문이다. 아니면 자기에 해가 되는 성분을 따로 배설하는 기관이 있을지도 모른다. 곤충들이 니코틴 성분이 있는 담배 잎에서 생활하는 것을 보면 짐작이 간다.

생물들은 열악한 환경을 헤쳐 나가기 위해서는 불리한 환경이나 먹이를 해결할 수 있는 능력을 개발시켜 진화하여 오는 것이다. 자기를 희생함으로서 자기 종족을 보존하려는 버섯과 인간의 본능은 다를바가 없다(2007.9).

제 2 부 버섯들의 생존

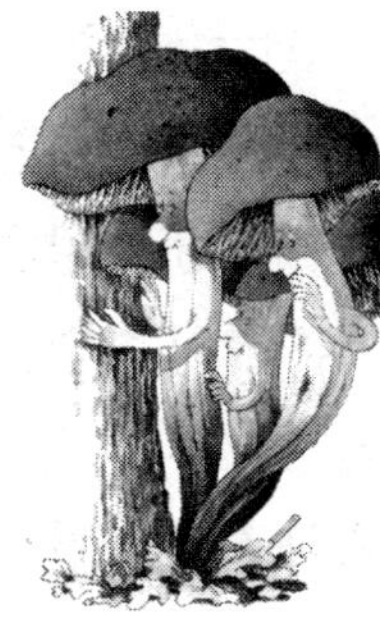

불완전 버섯

나는 생물을 40여년간 가르쳐 왔다. 그러면서도 생물의 정의를 내리라면 말문이 막히는 것이 솔직한 고백이다. 그만큼 생물의 종에 대한 정의가 학자마다 다 다르기 때문이고 현재는 과거에 비하여 생물에 대하여 비약적인 연구를 하여 형태, 생리, 생태만으로 설명이 어려운 것이 많기 때문이다. 생물의 종의 정의에 대한 여러 것 중에서 유전생식이 뚜렷한 것을 종으로 하여야한다고 되어 있다.

균류도 보통 교과서적으로는 생물로 보기 어려운 균류가 있기 때문이다. 대표적인 것이 불완전균류라 할 수가 있다. 불완전균류란 유성생식시대를 모르는 균을 일컫는 말이다. 그런데 생물의 종의 정의 중에는 생물로 취급할 수 있는 것은 유전, 생식이 뚜렷한 것이어야 한다고 정의 하고 있다. 불완전균류에 속하는 곰팡이 무리들은 유성생식시대를 모르는 균들이 많다. 그러나 연구가 진행되어 유성생식시대가 밝혀지면 생물이란 당당한 지위를 확보하게 되는 것이다. 이 논리라면 곰팡이 무리의 상당수가 종의 취급을 받을 수가 없다. 그래서 이러한 것을 해결하기 위해서 불완전 균류란 말을 사용하게 된 것이다.

좀 오래된 이야기인데 내가 인제에 국제학술회의에 참석차 갔었는데 밤에 서울의 모신문사 기자로부터 동충하초에 대하여 물어 왔다. 이 기자가 동충하초가 과연 버섯이냐 하는 것이다. 균류중 버섯의 정의에 대하여 대체로 모양이 뚜렷하고 유전, 생식이 알려진 것을 버섯이라 정의하는 사람들이 대부분이다. 그런데 동충하초 중에서 눈꽃동충하초 속에 속하는 것을 과연 버섯으로 취급해야하느냐는 것이다. 취재차 한국의 버섯학자에게 문의 하였드니 눈꽃동충하초도 버섯이라고 하드란다. 자기 생각에 무언가 의심쩍어서 눈꽃동충하초의 저명한 외국의 학자에게 문의하였다고 하면서 나의 의견을 물어온 적이 있다. 이럴 때 제일 난감한 것이 우리가 보통 말하는 버섯의 정의를 중심으로 보면 눈꽃동충하초는 버섯으로 볼 수가 있다. 모양만으로 볼 때 꽃동충하초는 버섯에 속하지만 유전 생식이 알려지지 않았기 때문에 버섯이라는 종에 포함이 안 된다. 눈꽃동충하초도 생물적인 본능인 개체보존과 종족보존으로 대를 이어가기 때문에 생물에는 속하고 그 명칭을 가지게 된다. 그러나 생물학적 관점에서 볼 때 유전생식을 모르기 때문에 진장한 생물의 어떤 종이라 말할 수가 없기 때문이다. 버섯의 정의의 측면에서 보면 눈꽃동충하초도 버섯이지만 그 이전에 생물의 정의로 볼 때는 불완전한 것이다. 이렇게 설명 하였드니 대체로 외국학자도 이와 비슷한 이야기를 하였다고 한다. 그 기자는 동충하초에 대해서 훌륭한 기사를 썼을 것으로 생각되었다. 그래서 그 이후 내가 저술하는 도감에서는 버섯의 정의를 어떻게 내릴 것인가를 연구한 끝에 균류에 불완전 균류가 있듯이 버섯에도 새로운 "불완전 버섯"이라는 용어가 필요하다고 생각되어 사용하고 있다.

눈꽃동충하초의 유전 생식 기작을 모른다는 것은 유전생식을 행하는 기관(자낭)이 결여 되었기 때문이다. 따라서 어디서 어떻게 접합하여 감수분열과 체세포분열을 하는 지 아니면 박테리아처럼 생식세포(포자)가 무성적으로 계속분열하여 만들어 지는지 아닌지를 모른다는 이야기다. 생식세포를 만드는 기관이 없기 때문이다. 눈꽃동충하초를 건드리면 하얀 가루 (포자)가 날리는 것은 만들어진 포자를 보호하는 자낭이 없기 때문이고

흰꽃 동초하초

반복해서 자극을 주면 계속 날려 보낸다. 그러나 주발버섯류도 때에 따라 건드리면 포자가 날리는 것을 볼수 있는 데 그들이 자낭에서 주기적으로 포자를 비산시키기 때문이다. 그러나 재차 건드리면 포자는 날려 보내지 않는다. 이것은 포자가 자낭에 들어 있기 때문이다(2011.10).

제 2 부 버섯들의 생존

먹물버섯의 선택

자라나는 어린이, 청소년들에게는 자기들만의 세계만을 만들어 가면서 생활한다. 그렇다보니 부모님이나 나이 많은 사람들과는 대화가 안 되어 여러가지 가정문제나 심지어는 사회적 문제를 유발시키는 경우가 종종 있다. 흔히 이야기하는 기성세대들은 우리청소년들의 몸가짐이나 생각에 대해서 완고한 보수적 생각을 하지만 우리 청소년들은 좀 더 개방적이고 자기생각을 솔직히 표현하려고하는 것에 대해서 이해가 부족한 것 같다.

미니스커트를 입은 젊은 여성들을 보면서 남성들 특히 나이 많은 사람들이 느끼는 감회는 남다를 것이다. 대학생들의 미니스커트를 입은 것을 보면 너무 아슬아슬하여 보는 내가 민망할 정도다. 그렇다고 한마디를 하려고 해도 적당한 말이 떠오르지 않아서 말을 못하는 수가 많다. 이런 현상은 사회가 급격히 서구화되고 개방되면서 자기표현을 하는 것은 어쩌면 사회 생태계에서 살아남기 위한 전략의 하나로 나는 해석하고 싶다. 남에게 미모나 몸매를 과시하여 예쁘게 보이려는 것은 남의 시선을 끌어서 자기의 좋은 배우자와 직장의 선택에 도움이 되기 때문이다.

이런 것은 사람에게만 국한된 것은 아니다. 버섯들도 자기의 존재를 나타내려고 무단히 애쓰고 있다. 버섯의 본체인 균사는 땅속이나 나무속에서는 자기의 종족을 확산하기에는 한계가 있고 장애물이 너무 많아서 넓은 세상밖으로 나와서 자기의 존재를 알리려고 발버둥치고 있는 것이다. 땅속이나 나무속에서는 균사가 자라고 뻗어나가는 것으로 자기종족의 확산에 너무 어렵기 때문이다. 운 나쁘게 나무가 땔감으로 나가거나 흙이 다른 용도로 쓰이게 되면 자기들의 종족은 멸망하게 되는 것이다. 그래서 비가 오고 온도가 오르면 버섯으로 나와서 자기의 존재를 세상에 알리는 것이다. 그렇게 되면 땅속이나 나무속에서보다는 엄청나게 많은 자기 자손인 포자를 만들어서 사방으로 퍼뜨리기 때문이다. 보통 버섯 하나의 개체에서 만들어 내는 포자는 500억 개에서 1000억 개에 가깝게 만들어 낸다. 그렇게 되면 그 버섯의 포자는 이 세상 어딘가에 떨어지게 되고 언젠가는 새 생명으로 태어나게 마련이다.

그래서 버섯들은 자기 나름대로의 생존 전략을 여러 형태로 발휘하여 자기 모습을 나타내는 것이다. 먹물버섯들은 두엄 같은 유기물이 풍부한 곳에서 멋진 자태를 나타내면서 태어나지만 바로 사그라드는 전략을 가지고 있는 것은 언제 천적이나 환경 변화 등으로 위협을 받기 전에 후손을 만들어 짧은 생을 마감하는 것이 유리하기 때문일 것이다. 검게 흘러내리는 포자의 무리들은 다른 물체에 쉽게 묻어서 자기자손 확산에 유리하기 때문이다. 실제 사그라드는 버섯을 만지면 손에 검게 묻어서 잘 닫아 지지 않는다.

이런 것을 보면 생물들이 자기표현을 하는 것은 복잡한 생태계에서 살아남기 위한 최선의 전략이다. 경쟁자들보다 빨리 세상에 알리는 것은 강한 유전자를 가진 배우자를 만나는 기회가 많기 때문이다. 때에 따라서는 오히려 천적에게 노출되어 위험 할 수도 있다. 그래도 자기노출이 자기 종족의 보존에 유리하다는 것을 오랜 세월의 진화를 통해서 생물들은 자연스럽게 터득한 것이다(2007.8).

먹물버섯

제 2 부 버섯들의 생존

곰보버섯의 인고(忍苦)

버섯연구를 해오다보니 어느덧 30년이라는 세월이 유수처럼 흘러 가버렸다. 세월의 빠름을 새삼 느끼게 된다. 그동안 30여 동안 무엇을 했는가를 생각하니 부질없이 세월만 보낸 느낌이 든다. 많은 시간과 정력을 쏟아 부었지만 내세울 업적 하나 없이 허송세월하였다는 느낌이 들 때가 한 두번이 아니다.

사람들은 내가 버섯에 대해서 무척 많이 알고 있다고 생각하는 사람들이 많아서 버섯에 관한 여러 가지를 물어 올 때 나는 당혹감을 느낄 때가 한 두번이 아니다. 질문에 시원한 답변을 못해드려서 미안한 마음을 항상 가지고 있다. 사실 모르는 것이 너무 많기 때문이다.

그러나 세월은 덧없이 흘렀지만 나는 버섯으로부터 너무 많은 삶의 지혜를 배우고 터득하지 않았나 생각한다. 대부분의 사람들은 하찮다고 생각하고 대수롭지 않게 여기는 버섯에서 이들과 자주 만나고 대화를 하여 보면 이들이 자연의 생태계에서 얼마나 슬기롭게 살아가는 것을 배울 수가 있다.

인간들은 조금만 자기에게 불리하면 안달을 하지만 버섯은 그런 것들을 잘 참아 견디어 다음을 기약하는 것이다.

나는 지난 2월에 새 아파트로 이사를 하였다. 아직 아파트의 정비가 제대로 되었을 리가 없다. 화단도 제대로 정비가 안 되어 어수선하기 짝이 없는 상태였다. 그런데 4월 중순경에 성당에 갔다 온 아내로부터 아파트 화단 방수구 옆에 곰보버섯이 났다고 호들갑을 떤다. 홀로 고고히 맨흙에 돋아난 것을 보면서 사실 우리 부부는 약간 흥분하였다. 계절은 봄이지만 아직 잔디나 풀들은 죽은 그대로 저온성 버섯이 아니면 돋아나기 어려운 환경이다. 그도 그럴 것이 우리는 아직껏 곰보버섯을 채집한 적이 없기 때문이다. 역시 부창부수랄까 아니면 서당개 삼년에 풍월을 읊는다고 내 아내도 버섯 관찰력이 대단하다. 2007년도의 버섯채집이 이 곰보버섯을 채집하는 것으로 시작된 것이다. 그래서 셔터를 10번 이상이나 눌렀다.

곰보버섯

이 곰보버섯은 과연 어디서 온 것일까. 아파트 공사로 화단을 조성하기 위해서 먼데서 흙과 잔디를 실어올 때 균사가 같이 운반되어 왔을 것으로 생각이 든다. 곰보버섯의 균사는 그동안 춥고 척박한 땅속에서 고통의 나날을 보내면서 오직 종족보존을 위한 찬란한 날을 기다리며 참고 견디어 왔을 것이다. 이 균사가 땅속 깊숙이 있다든지 온도, 습도 등이 맞지 않아서 새 생명의 탄생을 놓치고 있을 수도 있다. 운명이랄까 아파트의 화단 조성에 자기의 생활터전이 파괴 되었겠지만 그 덕분에 세상에 다시 자태를 나타내는 기회를 얻은 것이다.

한번 잡은 기회를 놓치지 않고 수백억 개의 포자를 날려 보내고 땅에 떨어뜨려서 종족을 보존하는데 성공한 것이다. 버섯은 없어졌지만 그들의 포자들은 더위와 추운 엄동설한을 견디면서 내년의 찬란한 봄을 준비할 것이다(2007.7).

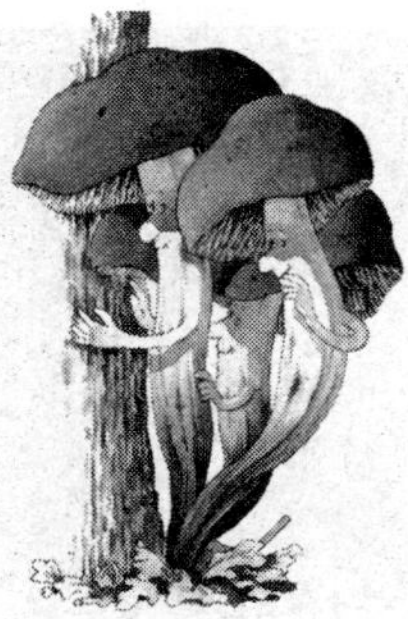

제 2 부 버섯들의 생존

독우산광대버섯의 변신

서울로 이사를 와서 올림픽공원, 도봉산, 수락산, 관악산, 선능 등의 채집을 하면서 어느 정도 서울 지리를 익히고 있다. 채집갈 때마다 지하철 몇 호선을 타고 몇 번 출구로 나와서 마을버스나 시내버스 몇 번을 타야하는 지 협회 장간사가 잘 검색하여 주어서 편하게 채집지에 도착하곤 한다.

모처럼 이태수(전 산림과학원 화학미생물과장)박사 부부와 함께 서오능(西五陵)으로 버섯채집을 하기로 하였다. 이박사 부부가 차를 협회 사무실로 와서 서오능 버섯채집에 나섰다. 이박사 부부가 우리 부부를 서오능으로 안내한 셈이다. 실은 나는 서오능은 처음이다. 입구에는 세계문화유산에 등록되었다는 대리석 기념비가 서 있다. 나는 무료고 정 큐레이터는 아직 무료입장에 해당이 안 되어 1,000원의 입장료를 내고 능내에 들어 섰다. 우리 두 사람, 이박사부부 등이 함께 채집을 같이 할 수 없기 때문에 약속 장소를 정하고 헤어졌다. 나는 서오능이 서쪽에 있는 임금의 무덤 정도로 알아서 면적도 크지 않으리라 생각하였지만 실상은 굉장히 큰 야산과 면적을 가진 곳이다. 능위쪽으로 한바퀴 도는 데 걸리는 시간도 사람에 따라서 1~2시간 걸린다고 한다. 능내에는 벌써 사람들이 많았다. 거의 대부분이 노인들이고 유모차에 아기를 태운 젊은 부부가 많았다. 물론 모두가 피서를 하러 온 것이다. 처음 채집한 것은 변형균류(점균류)로 아직 한국에는 보고 안된 "먼지"였다. 상상한 만큼 버섯의 발생은 없었다. 기대는 좋은 버섯서식 장소를 가지고 있어서 기대를 꽤나 했기 때문이다. 자낭균류, 그리고 우산버섯, 무당버섯류를 촬영도

하고 채집 조사하면서 대빈능(장희빈의 묘)쪽으로 올라가는 데 벌써 이박사 부부는 서오능을 한바퀴 돌고 내려오고 있었다. 그런데 이박사 부부가 우리에게 보여준 것은 정말 놀라운 버섯이었다. 봄의 천사라(죽음의 천사) 불리우는 독우산광대버섯을 닮은 버섯을 무데기로 채집하여 조심스럽게 모자에 담아 가지고 와서 나보고 찍으라고 한다. 그런데 독우산광대버섯은 중앙이 약간 아주 희미한 붉은 색의 끼가 있었지만 대부분은 전체가 흰색의 광대버섯으로 보이는 것이다. 그런데 이 버섯은 중앙을 중심으로 너무나 붉은 적색이 가장자리 쪽으로 펴져 있다. 하얀 백색의 바탕에 붉은 물감을 뿌려놓은 것 같은 모양은 정말 놀라웠다. 하얀 색의 비단 같은 것에 적색이 새빨갛게 물든 것 같은 것은 오싹한 느낌도 들고 순수한 선녀의 빨간색의 비단옷 같은 느낌이 들었다. 처음 보는 것이어서 신종이 아닌가 생각 되었다. 그래서 이박사와 나는 보고 또 보고 여러 이야기를 나누었다. 집에 와서 여러 문헌을 보니 독우산광대버섯의 중앙만이 붉은 색인 것을 알았다. 그리고 건조시키면서 계속 관찰하니 중앙은 색이 바래지고 약간 둥글게 돌출 상태를 유지하고 있었다. 내가 직접 채집하고 싶어서 이박사로부터 채집 장소를 듣고 일주일 후에 다시 그곳을 갔지만 채집할 수가 없었다. 아마 내가 채집 장소를 잘못 들은 것은 아닌가 생각하였다. 폭우가 끝난 며칠 후에 서오능을 다시 채집하러 갔다. 이박사가 알려준 장소 부근에서 나는 독우산광대버섯을 채집할 수가 있었다. 그런데 중앙이 붉은 색인 것은 없었다. 그래서 나는 지난번 이박사가 채집한 버섯이 독우산버섯으로 잠정 결론을 내렸다. 중앙이 붉은 색인 것은 어쩌면 독우산광대버섯의 변종이나 품종일지

독우산버섯의 변종

모른다는 생각을 하였다. 좀 더 시간을 두고 관찰을 해야겠다는 생각을 하였다. 며칠 후에 다시 이곳에서 독우산광대버섯을 채집하여 아파트의 처마 밑에서 말리는 데 날씨는 흐리고 비도 오는 날씨였다. 그런데 다음날 중앙이 붉게 물들고 점점 가장자리 쪽으로 퍼지고 있었다. 그래서 독우산광대버섯의 변종으로 생각되었다.

어쩌면 이상 폭우, 온난화 등으로 버섯들이 진화의 한 단계를 거치고 있지 않나 하는 생각이 들었다. 대체로 열대기후나, 아열대기후에 발생하는 종들이 온대 등에서 발생한 종에 비하여 같은 종이라도 원색의 강렬한 색을 띠고 있는 것을 보면 그런 생각이 든다. 지구 온난화의 결과로 강렬한 색깔의 버섯이 적응 진화하고 있다면 한국도 더 다양한 버섯이 발생하리란 생각이 든다. 이 버섯 때문에 서오능에 한두번은 더 채집하러 가야 하는 이유가 나에게는 생긴 것이다(2011.9).

제 2 부 버섯들의 생존

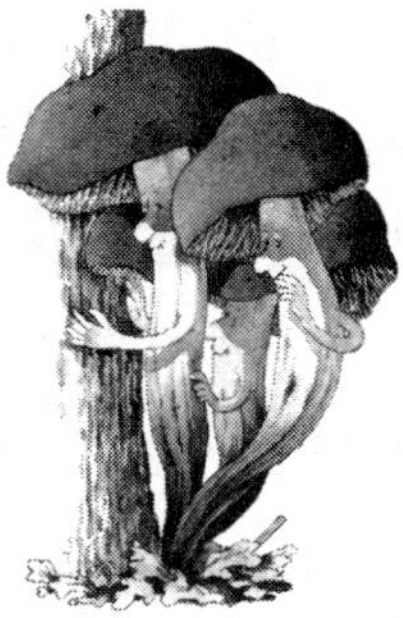

비단그물버섯의 아픔과 변신

지난 4월은 나한테 너무 혹독한 달이었다. 몸이 아파서도 고생했고 다른 일로도 너무 고통을 받았다. 유독 나한테만 어렵고 고통스러운 일이 있었으리라 생각하는 것은 편견일지 모른다. 불법을 하고 부도덕한 일을 보면서도 말 한마디 못하고 끙끙 마음을 끓이니 오죽하겠는가. 그렘샴의 법칙인 악화가 양화를 구축한다는 법칙을 실감하는 순간이었다. 그러니 감기가 더디게 낫는지도 모른다. 옆에서 모든 것을 다 잊으라고 하지만 사람인 이상 잊는 다는 것은 남한테는 쉽게 할 수 있지만 본인에게는 그것이 말처럼 쉽지 않다는 데 있다.

황무지를 쓴 워즈워드라는 시인은 4월은 잔인한 달이라고 읊고 있다. 사실 4월하면 모든 만물이 긴 겨울잠에서 깨어나서 기지개를 켜면서 새봄을 맞는 달이 아닌가. 혹독한 겨울을 참고 살아난 생물들은 새로운 생활을 위해서 준비를 한창 하는 달이 아닌가. 그런데 위대한 시인은 4월은 잔인한 달이라 노래를 했을 까. 새봄을 연다는 것이 얼마나 어려운지를 암시하지 않았는지. 새로운 신천지를 맞이하는 생물들은 대가 없이 새봄을 맞이하기가 어려운 것을 말하는 지도 모른다. 지난 긴긴 혹독한 추위를 견디어 내지 못한 생물들은 땅속에서, 땅위에 또는 다른 곳에서 죽음을 맞이한 생물도 많기 때문일 것이다. 새싹이 나온다는 것은 어쩌면 무수한 고생을 했을 것이고 새싹을 튀우기 위해서 그들은 얼마나 혹독한 추위를 견디어내고 자연환경으로부터 시달림을 받았을가 생각하면 생명체의 끈질김을 새삼 느끼게 된다. 봄철에 날리는 수없는 꽃가루가 자기의 짝에 맞는 암술머리에 떨어져서 수정을 하는 것이 얼마나 되겠는가. 또 그것이 정상적인 열매로 되어 자기후손을 남기는 것이 얼마나 되며 그중에서 또 땅에 떨어져서 새로운 생물로 태어나는 것은 얼마 될까. 아마도 확률로 보면 극히 극소수 일 것이다. 그래서 시인은 엄청난 꽃가루 이것들 중에서 새 생명으로 태어나는 데 엄청난 시련을 겪었기 때문에 시인은 4월은 잔인한 달이라 노래하는 걸까.

비단그물버섯

올해는 봄부터 소위 봄가뭄이 계속되고 그 탓으로 산불이 잦은 탓인지 예년 같으면 흰목이류, 목이류가 딱딱한 나무 계단에 나는 것을 볼 수 있었고 또 비단그물버섯류도 비가 온 후면 볼 수 있었는데 올해는 가뭄 끝에 비가 잠간 오는 탓인지 볼 수가 없다.

목재부후균들도 말라비틀어 진채로 겨우 간신히 목숨을 이어가는 것 같다. 학교의 소나무와 잡풀이 많이 난 곳에서 비단그물버섯을 발견할 수 있었다. 물론 내가 발견한 것은 아니고 정 큐레이터가 발견하였다. 비단그물버섯류는 늦가을까지 소나무 근처에서 발생하는 것을 나는 확인한 적이 있다. 비교적 초봄에 나오는 것을 보면서, 그물버섯류가 열대성버섯이어서 발생하기 힘들지만 비단 그물버섯류는 다른 그물버섯류와는 또 다른 특성을 갖는 한 대성버섯으로 자기의 영역을 넓혀가는 것은 아닌지. 아주 혹독한 한겨울을 피하여 늦가을 초봄으로 이어지는 한대성으로 적응하여가는 것인지도 모른다.

열대성 버섯이 북상하는 과정에서 혹독한 추위를 건너뛰는 것이 아닌가 생각된다. 백두산을 가보면 가을에 비단그물버섯류를 많이 볼 수 있지만 그물버섯류는 좀처럼 보기가 드물다. 이것은 열대성버섯이 자꾸 북상하는 증거가 아닌가 생각된다. 언젠가는 다른 그물버섯류도 한대성기후에 적응하여 가리라 본다. 광대버섯류도 여름엔 많이 발생하지만 가을엔 드문 것을 보면 추운 기후에 적응하기 위한 과도기를 거치는 것인지도 모른다. 물론 다른 열대성 버섯들도 자기의 삶의 영역을 추운 북쪽으로 영역을 넓혀서 자기 종족을 확산시키기 위해서 노력하겠지만 비단그물버섯만큼 성과는 없는 것 같다. 이들이 이만큼 발생하는 것은 이 버섯들도 엄청난 포자를 바람에, 날려서 이 먼곳까지 날려와서 고통과 아픔 같은 시련을 견디어 내고 발생하리라 생각을 하니 이 세상에 생명을 가지고 태어난 생물들은 모두가 잔인한 4월의 아픔을 겪고 있다는 생각이 가슴을 저며온다(2009.6).

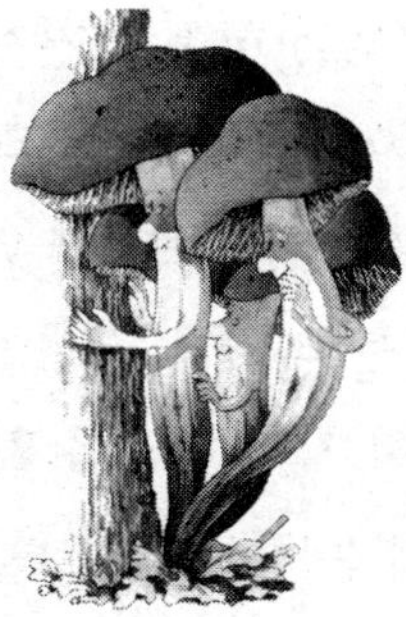

제 2 부 버섯들의 생존

치마버섯의 적응

사람처럼 간사한 동물이 또 있을 가. 입에 맞는 음식을 먹으면 혀가 살살 녹는 다는 등 별의별 수식어를 다 동원한다. 그러다가도 몇 번 먹으면 벌써 맞이 없어져 그 음식에 대해서 배타적으로 나온다. 그렇다고 그 음식의 성분이 변한 것도 아니고 모양이나 색이 변한 것도 아닌데 사람의 뇌는 똑같은 것에 대해서 벌써 염증을 나타내는 것이다. 그리고 자기가 하는 일은 로맨스고 똑같은 일을 남이 하면 불륜이라 치부하는 것도 인간의 간사함에서 나오는 것 같다.

다른 생물들은 유유자적하는 너그러움을 가지고 있다. 식물도 물을 너무 많이 함유하면 증산작용을 통하여 자기에게 필요한 양만큼 만 수분을 함유한다. 곧바로 가뭄이 닥쳐 말라죽는 한이 있어도 그렇다. 아프리카의 맹수들도 자기가 배부르면 눈앞에 먹이감이 있어도 사냥을 하지 않는다. 그런데 유독 인간만이 자기의 분수를 넘어서 욕심을 부린다. 우리 옛말에 99섬 가진 사람이 한 섬 가진 사람에게 나 100섬 채우게 한섬을 달라고 한다는 옛 속담 아닌 속담이 있다. 이처럼 인간은 자기만을 위해서 살려고 하는 사람들이 많고 남이야 죽든 말든 상관 않는 동물이라 생각한다. 물론 이외의 사람도 많지만 대다수가 이렇다는 말이다.

그러나 버섯들은 위에서 예로 든 이야기는 호사스러운 말로만 들릴게다. 버섯들은 자기에게 필요 한 것이 많이 있는 지 부족 한 지를 모르고 있기 때문이다. 가령 햇빛이 강하면 바로 사그라 들지만 그 속에서도 자기의 종족을 위한 포자를 만들기 때문이다. 순간 순간을 최대한 이용하며 산다는 것이다. 또 햇빛이 없어서 추우면 따뜻해 질 때까지 참고 기다리는 미덕을 가지고 있다. 그렇게 하드라도 늦지 않는 다고 믿고 있기 때문이다. 좋다고 금방 떠들고 호들갑을 떨지 않는다. 그렇다고 부족하고 어려워도 그것 때문에 금방 자가기가 없어지는 것처럼 야단법석을 떨지 않는다.

치마버섯(Schizophyllum commune)을 보면 고목이나 살아있는 나무껍질에 무데기로 발생하지만 숙주인 고목 등이 시언찮으면 그곳에 맞게 한두개만 발생한다. 날씨가 건조하고 추우면 자실체가 말라 비틀어지고 사그라 들어서 꼭 죽은 모양을 한다. 그러다가도 따뜻하고 수분이 있으면 금방 활짝 날개를 편 듯이 싱싱한 모습을 보인다. 자연이 주는 그대로 있는 그대로 자연의 변화에 따라 그것에 순응하면서 살뿐이다. 날씨가 좋고 영양이 좋다고 하여 변화를 보이는 것이 아니고 또 나쁘다고 하여 특별한 모습으로 변하는 것도 아니다.

치마버섯

환경이 좋지 않으면 좋지 않은 대로, 좋으면 좋은대로 자기의 분수에 맡게 자연에 순응하면서 사는 것이다. 아무 불평없이 살아가는 치마버섯을 보면서 인간도 배울바를 얻어야 하지 않을까(2008.4).

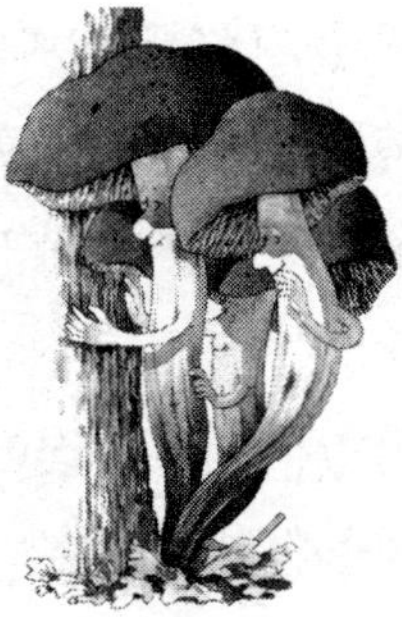

제 2 부 버섯들의 생존

곰팡이들의 반란

버섯에 난 곰팡이

경주자연자원모니터링에서 놀란 사실은 아직 한국에는 잘 소개가 안 된 변형균들이 많이 있다는 것이다. 다른 말로는 점균류라 부르는 것으로 끈적기가 있어서 붙인 이름이다. 변형균류라는 말은 글자 그대로 모양이나 색깔이 변하기 때문에 붙인 이름이다. 이들에 대한 한국 보통명도 강(분류적 술어 : Class)부터는 정해진 것이 없어서 필자가 발견될 때마다 국제적물명명규약에 따라 이름을 붙여서 사용하고 있다. 물론 전문가들의 조언을 참고하면서. 이 변형균들은 곰팡이와는 조금 달라서 세포벽이 없다. 생활은 주로 곰팡이나 세균을 잡아먹고 사는 것으로 알려져 있다. 그러나 몸체가 균사로 되어 있어서 균계(Mycota)에 포함한다. 대부분의 곰팡이들과 버섯은 습기가 있는 곳에서 주로 생활한다. 또 변형균들의 특징은 다 성장하면 먼지처럼 되어 포자를 비산시키므로 필자는 한국 보통명으로 "먼지"라는 이름을 부여 하였다.

예를 들면 지금 흔히 분홍콩점균을 사용하는 것은 명명규약에 맞지 않는 것이다. 그래서 필자는 분홍콩먼지로 개칭하여 사용하고 있다. 국제명명규약에 분류학적 술어는 자기나라의 보통명에 사용 할 수 없다는 규정이 있다. 가령 세계에서 가장 많은 종류인 곤충이 있다는 것은 누구나 다 잘 아는 것이다. 그러나 곤충이라는 단어는 분류학상 곤충강에 속한다. 그래서 우리나라 곤충이름에 ○○○곤충이라는 곤충은 없다. 그 대신에 ○○벌레 등은 있어도. 그래서 한국의 도감이나 분류 논문에 ○○○점균하는 것은 틀린 사용이라 볼 수가 있다. 이 변형균들도 당연히 습기를 좋아하고 습기가 있는 곳에서 생활하리라 생각하였는데 사실은 그렇지않은 종류들이 많이 있다는 것을 알았다. 국립공원관리공단의 공원연구소에서 의뢰를 받아 경주일대의 토함산, 금강지구, 서악지구 화랑지구 구미산의 고등균류를 조사하면서 조사지역 모든곳에서 변형균류를 발견할 수가 있었다. 특히 노랑격벽검뎅이먼지(Furigo septica var. flava)는 모든 지역에서 발생하고 있어서 놀라웠다. 보통 변형균들은 개체가 1cm이하여서 발견이 어렵다. 다행이도 몇몇 종류는 집단을 이루어 발생하는데 이 변형균도 그런 종류이고 노랑색 이어서 쉽게 발견이 되었다. 그러면 왜 이렇게 가뭄이 계속되고 무더위가 기승을 부리는 때에 발생하였는가가 당연히 궁금하여 진다.

생물들은 자기 종족을 보전하기 위하여 자연과 생태계에서 피나는 자기 나름의 생존전략을 진화 발전시키고 있다는 것을 말하여 주는 것이다. 곰팡이와 버섯들은 건조하면 아무리 주위 환경인 온도가 알맞아도 제대로 발생과 성장을 할 수가 없다. 이런 때에 여러모로 자기보다 덩치가 크고 생활력이 강한 무리들과 경쟁하게 되면 그 결과는 참담한 패배뿐인 것이다. 이러한 것을 생물들은 본능적으로 잘 알고 있다. 그렇다면 자기가 살아서 종족을 남기는 방법은 그런 경쟁자들을 피하는 것도 한 방법이다. 그래서 덩치가 큰 곰팡이나 버섯이 제대로 활동하지 못하는 때에 살아가는 방법의 하나로 건조에 적응하는 생존전략을 진화시키지 않았나 생각 된다.

초등학교때 수학 그 당시는 산수라는 과목이 있었다. 산수중에 흔히 있는 역이 성립하느냐로 정답을 확인하는 방법이 있다. 그때 선생님이 들려준 이야기 중에 2차대전 말기에 동경의 모 대학에서 있었던 이야기를 한 적이 있다. 내용인즉 건물이 폭격을 맞고 불타는데 교실에 있던 사람들이 모두 아래층으로만 내려 가려고하니 불이 타 올라와서 도저히 내려갈 수가 없었다. 그래서 어떤 학생이 천장을 밀어보니 그 부분의 판자가 들어 올려져서 오히려 천장위로 해서 그 불길을 빠져 나올 수 있었다는 이야기를 들은 적이 있다. 다분히 수학에서 역이 성립하는 이야기를 한 것이지만 사실 인생도 이런 경우가 있다. 차별화라는 말은 남은 동으로 가면 나는 서쪽으로 가는 것이다. 그래서 인생의 목표를 달성하는 경우가 흔히 있는 것을 볼 수가 있다. 이렇게 생물의 세계에서는 일반화된 자기들의 속성과는 정반대로 나아가므로서 자기의 종족을 유지시키는 것도 있다(2009.1).

제 3 부 버섯의 발견

덧부치버섯속의 신종 발견 이야기

이번 여름은 유난히도 비가 많이 내리고 무더웠다. 글을 쓰고 있는 지금도 창밖에서 빗소리가 요란히 들리고 있다. 백두산채집을 작년에 가려고 했는데 몸이 아파서 갈수가 없었다. 실은 재작년 12월에 학교에서 실시한 종합 검진을 받았는데 과체중이라고 몸무게를 6kg 이상 빼라는 의사의 권고였다. 튼튼한 몸은 아니지만 건강은 그런대로 자신하고 있었는데 나에게는 좀 충격적이었다. 60평생에 처음으로 간초음파, 위내시경을 받았다.

의사의 권고대로 몸무게를 줄이기 위해서 정연구원과 함께 헬스클럽에 등록하여 운동을 시작하였다. 그런데 어쩌다 감기가 들었다. 여름 감기는 개도 안 걸린다는데 운동까지 하면서 감기에 걸리다니 하고 처음에는 대수롭지 않게 생각했지만 낫지 않아서 무척이나 고생하였다 거의 한달 반 만에 차도가 있었다. 내가 아프다고 하니 이지열 박사가 문병도하고 야단법석이었다. 그 후부터 허리가 끊어 질듯이 아파서 고생이 시작 되었다. 그래서 할 수 없이 백두산 채집은 포기하였다.

설상가상으로 같이 공동연구하든 왕백(王柏) 씨가 이제는 다시 복직되어 나와 공동연구를 할 수 없다는 연락이 오고 모든 것이 최악이었다. 요즈음 중국도 자원유출을 막으려는 의도인지 공무원이 외국사람 특히 한국 사람을 만나는 것을 무척 꺼린다고 한다.

그래서 이번에 백두산에 채집을 가면 모든 것을 깨끗이 마무리 지으려고 하였다. 8월 16일 큐레이터와 함께 중국민항을 타고 연길 국제공항에 도착한

덧부치버섯

시간은 예정 시간보다 거의 한 시간 늦은 오후 5시 40분경에 도착하였다. 마중 나온 최명림(길림성용정시재정국회계핵산중심의 주임) 씨와 함께 바로 이도백하로 출발하였다. 비가 약간씩 뿌리고 있었지만 오늘 이도백하(二道白河)까지 가야만 하기 때문에 어쩔 수가 없었다. 비가 와서 그런지 일찍 어둠이 찾아 왔다. 3시 30분 걸려서 이도백하에 도착 겨우 숙소를 정하고 저녁을 먹고 잠자리에 들었다.

아침에 일어나니 여전히 비가 내려서 일단 숙소를 2년 전에 묵었던 명주병관으로 옮기고 짐을 푼 후 왕백 씨를 식당에서 만났다. 왕백 씨는 아침을 먹었다고 해서 술만 하고 같이 길림장백산국가급자연보호구과학연구중심(吉林長白山國家給自然保護區科學年究中心)으로 가서 황상동(黃祥童) 특산실주임고급공정사(特産室主任高級工程師)를 만나 버섯에 관한 이야기를 하고 실험실에서 버섯을 전공하는 학생들을 만났다. 20여명이나 와서 연구를 하기 때문에 나이든 사람은 내보내는 모양 같았다. 후에 안일이지만 왕백 씨도 8월 말로 또 그만 두라고 해서 불만이 이만 저만이 아니었다. 우리와는 체제가 달라서 아직 남은 2년 정년 연령까지는 봉급은 100% 지급된다고 한다. 실험실도 둘러보았는데 시설은 모두가 낡았음에도 실험 결과가 좋게 나오는 것을 보고 놀랐다. 점심 식사는 연구소에서 낸다고 해서 식당에 가서 점심을 얻어먹는 행운을 얻었다. 비는 오후 내내 내리다 말다 해서 그때마다 가슴을 졸였다. 이 먼 곳까지 와서 소기의 목적을 달성 할 수 없다는 생각을 하면서 하늘도 원망하였지만 다 하늘의 뜻이다 생각했다. 잠깐 비가 멎는가 싶으면 연구소의 풀밭에서 채집과 촬영을 하면서 하루를 보냈다.

다음날 약간 비가 개어서 본인, 큐레이터, 왕백, 최명림 씨 4명이 원시림으로 채집을 나섰다. 이미 5년 전에 와본 곳이라 눈에 익었다. 계속 채집을 부지런히 할 수 밖에 없었는데 검은 고목 낙엽버섯모양의 소형 버섯을 채집하였다. 사실 나는 비가 올지 모르니까 정신없이 촬영하였다. 그런데 큐레이터가 내가 찍은 것 같은 버섯을 들고 와서 검은 것이 버섯이라고 균모, 자루를 보여주었다. 검게 탄화된 버섯에 덧부치버섯속의 한 종류가 발생하고 있었다. 왕백 씨도 보고 엄지손가락을 치켜들면서 신종이라고 흥분을 감추지 못한다. 왕백 씨도 보았지만 왕백 씨는 대형 버섯에만 관심이 있지 소형에는 별 관심이 없는 학자다. 주위를 보니 이 덧붙이 속의 버섯이 많이 자라고 있었고 백두산의 원시림서도 많이 발견하였다. 다음날 큐레이터가 천지(天地) 구경이 처음이어서 왕백 씨를 빼고 천지에 갔다. 오후에 왕백 씨가 식당으로 와서 다시 자기가 원시림에 가서 채집해 온 제법 큰 덧부치버섯을 들고 찍으라고 한다. 다음날 백두산 원시림으로 채집을 갔는데 연구소의 버섯 연구생들이 벌써 와 있었다. 원시림에도 상당히 이 버섯이 자라고 있었다. 이렇게 흔하게 발생하는 종이 이제야 발견되다니 신기하기 그지없었다. 그 전에도 발생했지만 발견을 못 했거나 아니면 금년에 처음 발생하는 것인지는 알 수 없었다. 이렇게 해서 신종이 발견 된 것이다. 거의 30장 정도를 찍었다.

이런 이야기를 왜하는가 의아하게 생각하겠지만 사실 만약 작년에 백두산에 채집 왔더라면 이 버섯의 발견은 어려웠을지 모르고 아니면 발견을 못 했을지도 모른다. 허리가 아파서 백두산 채집을 포기한 것이 이런 행운을 가져다주지 않았을까. 또 비 때문에 마음은 졸였지만 그 덕분에 버섯 발생의 좋은 조건으로 딱딱한 탄화된 곳에서 버섯이 나왔을 지도 모르지 않는가. 지금 어렵다고 불평하지 말고 참고 견디다 보면 이런 일이 있다는 것을 독자들에게 알려주고 싶어서이다. 새옹지마(塞翁之馬)라는 말을 우리는 많이 하면서도 그것은 남을 위해서 할 뿐이지 정작 자기에 어려운 일이 닥치면 한탄만 하지 다음에 좋은 행운이 온다는 것을 잊어버리는 수가 많다. 어려운 일이 닥치더라도 최선을 다해서 참고 노력하면 신은 결코 우리를 버리지 않는다는 것을 깨달은 좋은 사례로 보면 좋을 것 같다(2007.11).

제 3 부 버섯의 발견

희귀버섯의 발견

금년은 비도 자주 내리고 비도 왔다하면 엄청나게 많이 내려서 버섯이 발생하기엔 더할 나위 없는 여름이었다. 비가 그치고 나면 나는 채집을 못가면 안달이 날 정도다. 어느날 나는 비가 오고 이틀 뒤 뙤약볕이 내려쬐는 오후에 대학원생을 데리고 수목원으로 채집하러 갔다. 실은 그 전날도 갔다 왔었다. 도로공사 수목원은 학교에서 가깝고 2시간정도 채집하여 가지고 와서 정리하고 말리면 딱 알맞은 거리이기 때문이다.

뙤약볕을 무릅 쓰고 수목원을 거닐고 있는 데 먼발치에 하얀 댕구알버섯이 나 있었다. 처음엔 누군가가 스트로폴을 버린 것으로 알았다. 그러나 다가가서 보니 참외보다는 크고 수박보다는 작은 하얀 댕구알 버섯이었다. 그런데 아차 카메라를 가지고 오지 않았다는 것을 알았다. 차속에 넣고 다느는데 오늘따라 카메라를 연구실에 갔다 놓았다는 것을 알았다.

할 수 없이 다시 카메라를 가지러 연구실로 가면서 정 큐레이터에게 자를 준비하고 사진 찍을 준비를 하라고 전화하였다. 학교에 도착하니 정 큐레이터가 자와 카메라 가방을 들고 학교 현관 로비에 나와 있었다. 그래서 정 큐레이터도 같이 수목원으로 다시 와서 사진을 찍었다. 물론 정 큐레이터가 들고 있는 모습도 찍어서 얼마나 이 버섯이 큰 것인가를 보여주기 위해서다.

모양은 약간 타원형으로 호박같은 모양이고 순백색이었다. 지름은 17~20cm 정도였다 이 버섯은 필자가 1970년도에 안동의 경덕중상고 뒷산의 무덤이 있는 풀밭에서 촬영한 적이 있다. 그 후로 우리나라 어느 도감에도 이처럼 큰 버섯을 사진으로 제시하지 못하고 다만 크기만 외국의 문헌에 의존하여 표기하고 있으며 외국 문헌도 크기에 대해서는 7~20cm, 10~50cm, 20~80cm 여러 가지로 기재 되어 있다. 한국에서 학명은 (Lanopila niponica)을 사용하고 외국에서는 (Langermannia giganta)를 주로 사용하고 있었다.

단면도의 색깔도 순백색이고 만지면 스폰지처럼 푹신푹신 하였다. 말리면 쭈구러 들지만 여전히 스폰지 같은 느낌이다. 단면도도 그대로 백색을 유지하고 있었다. 내부는 점차 갈색으로 되었다가 거의 흑갈색으로 된다. 이것은 내부 기본체(Gleba)가 전부 포자로 변하는 데 이 흑갈색이 포자의 색깔이기 때문이다.

댕구알버섯

여름엔 거의 매일 채집하러 나갔기 때문에 하루 쉬려고 하였지만 대학원생과 채집하여야한다는 어떤 사명감 같은 것이 들었다. 대학원생이 수업을 받고 있기 때문에 채집 나갈 시간이 마땅치 않기 때문이다. 결국 버섯의 분류라는 것이 부지런히 채집하러 야외로 나가는 것만이 새로운 버섯을 발견할 수가 있다는 것을 다 알면서도 실천하기엔 여간 어려운 것이 아니다.

그것은 채집하여 온 표본 정리와 건조시키기에도 무척이 나 힘들기 때문이다. 버섯을 채집하여 말리다 보면 겉은 말라도 속은 썩기 때문에 그물버섯(Boletus)류 나 광대버섯류(Amanita)는 형체를 거의 알아 볼 수가 없다. 결국 여러개로 쪼개서 말리지만 그것도 쉬운일이 아니다. 저녁에는 실험실 안으로 운반하고 아침에는 햇볕에 말리는 일이 그리 쉬운 일이 아니기 때문이다.

또 하나의 수확은 운장산으로 채집을 가서 비늘광대버섯(Squamanita)류의

Squamanita schreieri(한국명 미신칭)를 채집하는 행운을 얻었다. 이번에도 대학원생, 정 큐레이터와 같이 3명이 운장산으로 채집을 갔다. 운장산의 옛 관리사무소 뒤의 숲속을 지금까지는 잘 가지 않는 지역인데 큐레이터가 한번 가보자고 하여 채집하든 중에 발견하였다. 처음에 발견하였을 때는 송이버섯(Tricholomataceae)과의 어떤 한 종류의 버섯으로 알고 대수롭지 않게 생각하고 채집을 하였는데 자루를 보니 자루가 땅속 깊숙이 들어가 있었다. 그리고 형태가 비늘광대버섯류였다. 희귀한 버섯을 발견하면 여러 각도에서 많은 사진을 찍는다. 그러나 뭉쳐서 나지는 않고 군생하고 있었다.

거의 20여년전 1987년도에 우석대학교의 뒷산에서 방패비늘광버섯(Squamnita umbonat)를 무더기로 발생하는 것을 채집한 적이 있다. 그 후로는 도저히 발견하지 못했는데 이번에 전연 뜻하지 않은 곳에서 희귀종을 발견하는 희열을 맛보았다. 비늘광대버섯(Squamnita)류는 몇 개 안되는 종류가 세계적으로 분포하는 것으로 알려져 있다. 실제 우리나라는 버섯 발생의 보고 같은 느낌이 든다. 연구가 덜 되어서 그렇지 외국에 서식하는 거의 모든 버섯이 발생하고 있다고 나는 생각한다. 그것은 우리나라의 기후가 열대에서 한대까지 나타나기 때문이다. 열대성버섯은 북상하고 한대성 버섯은 남하하기 때문이고 그 버섯들이 한반도에서 만나는 지역이이기 때문이라 생각된다. 우리 한반도에서는 열대성버섯, 온대성버섯, 한대성버섯 모두가 발생하기에 적합한 환경조건을 만들어 주는 것으로 사료된다. 그것은 한국의 버섯종류가 북유럽, 러시아, 미국, 호주, 남미에 분포하는 모든 버섯의 종류가 발생하는 것으로 증명이 된다(2009.11).

제 3 부 버섯의 발견

붉은 사슴뿔버섯의 발견

버섯 채집을 위해서 정큐레이터와 함께 동구릉으로 갔다. 그런데 월요일은 쉬는 날로 문을 열지 않았다. 보통 국민 편익 장소는 일요일도 국민을 위해서 일하고 대신 다음날 쉰다는 것을 몰랐기 때문이다. 어떻게 할까 집으로 돌아갈까, 아니면 다른 어디로 갈까 하다가 수락산으로 가기로 하였다. 이유는 간단하다. 동구능의 구리역에서 1호선을 타고 오다 상봉역에서 7호선 도봉산행을 갈아타고 한 정거장만 가면 되기 때문에 동구릉에서 제일 가까운 곳이기 때문이다.

다시 발길을 돌려 수락산으로 갔다. 수락산의 만남의 장소라는 곳으로 올라가다가 벚나무인지 느티나무인지 나무를 잘라내고 비늘로 싼곳에서 정큐레이터거 정말 생각하지 못했든 버섯을 발견하였다. 바로 붉은사슴뿔버섯(Podosdtrorma cornu-damae)이다. 사실 나도 40여 년간 버섯채집을 하였지만 처음 발견한 것이다. 요사이 비기 안와서 건조하지만 비닐로 덮어 놓았기 때문에 그곳에는 어느 정도 습기가 있었기 때문에 버섯이 나온 것 같다. 하여튼 우리는 약간 흥분하였다. 나무의 밑둥 가에서 나서 약간 흙이 묻어 있고 자라는 모양도 그리 썩 좋은 상태는 아니었다. 나무 밑둥을 돌아가면서 한 두개씩 발생하고 있었다. 나는 거의 30커트를 찍었다 다시는 나에게 이런 기회가 올 것 같지 않았기 때문이다. 붉은 사슴뿔버섯은 높이는 5~10cm 정도로 중형에 속하며 원통형이거나 약간 납작한 원통형을 나타낸다. 어떤 것은 손바닥모양이거나 사슴뿔처럼 뿔이 층층이 나있거나 손바닥의 손가락모양의것도 있다.

선명한 오렌지 적색으로 광택이 난다. 자실체를 잘라서 보면 중앙이 속은 흰색이다. 대표적인 맹독버섯으로 먹으면 백혈구가 감소하고 먹은지 30분후부터 수족마비증상으로 퉁퉁 붓기도 하며 위장장해부터 신경장해까지 나타난다. 신장이 붓고 순환기의 장해, 뇌의 장해로 사망하게 된다. 특징은 피부에 진무름이 나고 탈모가 나타나기도 한다. 독성분은 트린코데센류(Trichonthecene)로 피부자극성이 높으며 치료한다고 끈적기가 있는 것을 붙이면 더 위험하여진다. 이 버섯은 우리나라에서는 희귀종으로 거의 발견이 어려운 종이다. 간혹 이 버섯을 동충하초로 오인할 수도 있는 데 밑부분을 조그만 관찰하면 쉽게 알수 있다. 동충하초는 숙주인 매미번데기가 같 것이 있고 또 표면에 자낭각이 있지만 붉은 사슴뿔버섯은 밋밋하고 끝이 뭉뚝하여 쉽게 구분이 된다. 붉은창싸리버섯(Clavulinopsis miyabeana)와 비슷하지만 이버섯은 자실체가 가늘고 분지하지 않아서 구분이 된다. 우리나라에서는 이 버섯에 의한 중독은 보고 된바가 없는 데 이 버섯이 희귀종이어서 발견이 어려웠기 때문일 것이라는 생각을 하여 본다.

붉은사슴뿔버섯을 채집하는 행운을 얻은 것은 동구능으로 갔기 때문이다. 아마도 내가 월요일 왕능은 입장 할 수 없다는 것을 알았다면 동구능 쪽으로 채집을 갔을 리가 만무하다. 어떻게 보면 모르고 무턱 대고 갔기 때문일 것이다. 궁여지책으로 수락산으로 채집방향을 돌린 것이 나에게는 40여년만의 횡재를 한 셈이다. 이런 것을 두고 전화위복이라 말하여도 좋을 것 같다. 사람은 언제나 뜻대로 되는 것은 하나도 없는 것 같다. 그래서 무슨 일이 뜻대로 안되더라도 크게 실망하지 않는다. 그러 말미암아 더 좋은 일이 있을 것이라고 나 스스로 나를 위로한다. 현대는 모든 것이 빠른 속도로 변해가고 남에게 대해서 신경 쓸 여유가 거의 없다. 어려웁고 괴로울 때 누가 나에게 용기를 주고 위로하여 주겠는 가. 나 스스로 위로하고 나 스스로에게 용기를 주어야한다고 나는 늘 학생들에게 가르쳤다. 남의 도움을 받는 다는 것은 대단히 어려운 세상이기 때문이다.

붉은사슴뿔 버섯

점심을 넘긴 시간이어서 싸온 도시락을 먹으면서 내년에도 또 발생할 것 같은 생각이 들지만 나무 밑둥거리가 그때까지 남아 있을 지 아니면 다 없어질지 모른다는 생각이 든다. 왜냐하면 이 밑둥거리가 등산로 한가운데 있기 때문이다(2011.11).

제 3 부 버섯의 발견

새송이버섯

내년 한국에서 WCC총회(World conservation congress, 세계자연보존연맹 총회)가 9월에 제주에서 열릴 예정이다. 그 전단계로 2011년 9월 27일부터 30일까지 인천 송도컨벤시아센터에서 아시아 IUCN총회가 열렸다. 나는 자연환경보전협회가 IUCN의 단체회원으로 가입되었기 때문에 참가하게 되었다. 사실 세계 IUCN에 가입한 것은 한국에서는 우리협회가 처음으로 1967년경에 가입하였다. 무려 40여년전일이다. 그만큼 선각자적인 생각을 가지고 있었기 때문이다. 나는 VIP로서 이번 아시아총회에 참가하게 되었다. 개막식이나 만찬회에 나를 안내하는 의전 직원이 나를 안내하였다. 처음 개막식 일에는 나는 송도컨벤션센터를 찾는 데 애를 먹었다. 전화가 의전 담당 직원으로부터 오고 제대로 찾아가지 못해서 애를 먹었다. 아마도 나의 의전 담당직원이 꽤나 애를 먹었을 것이다. 내가 겨우 개막식 식장에 도착하니 이미 식은 진행되고 있었다. 내가 앉은 테이블에는 모대학 총장, 캄보디아의 환경 부장관에 해당하는 사람이 아닌가 생각되었다. 공식행사가 끝나고 오찬이 시작되었다. 오찬은 제주 자주 특별시의 지사가 특별히 마련한 자리였다. 오찬으로 나온 점심식사는 최고급 소고기 스테이크로서 맛은 아주 좋았다 사실 나는 미각에는 별 자신이 없는 사람으로 고기가 나왔나 생각 할 따름이다. 제주 자주 특별 지사가 베푸는 것은 내년의 제주에서 열리는 WCC총회를 위한 것이다.

그런데 스테이크에 나온 것이 새송이를 얇게 썰은 것으로 언뜻 보아서는 무슨 재료인지 감이 안간다. 먹어보니 새송이를 요리 한 것을 알 수 있었다. 물론 딱 한조각 나왔다. 나는 옆의 캄보디아 장관에게 이것이 무슨 재료인지 물으니 전연 모른다. 버섯이라고 말하니 그러냐고 할뿐 별 반응이 신통치 않다. 자기 입에 맡지 않는 것 같았다. 다행이 한 조각 나온 것이 다행이라면 다행 일 것이다. 한국의 버섯을 몇마디 설명하였지만 회의가 환경인 탓인지 아니면 버섯을 잘몰라서 인지 우리대화는 끝이 나고 캄보디아를 오게 되면 이메일로 꼭 연락을 하라고 한다. 잘 안내를 하여 주겠다고 한다. 다음날 저녁 VIP 만찬에서는 고급스테이크가 제공되었지만 이번에는 아예 버섯은 나오지 않았다.

새송이 버섯

사람의 기호나 입맛에 따라 다르지만 버섯은 입에서 침이 나올 정도의 식재료는 아닌 것 같다. 나는 몸에 좋은 것이어서 먹지 별 맛을 알고 먹지는 않는다. 음식은 무언가 그것이 가지고 있는 특별히 미각을 자극 할 수 있는 것이어야 하는 데 버섯은 그런 면에서 별로라 생각된다. 새콤하다든지, 향이 좋다든지 색깔이 화려하다든지 하여야 하는 데 버섯은 몸에 좋다는 것 이외에는 우리 사람들에게 별로 독특한 인상을 주고 있지 않다. 또 지난 10월 5일에 신라호텔에서 전경련 창립 50주년에 초청을 받아서 갔다. 대통령도 참석하는 자리라 참석자들의 몸 수색이 엄격하였다. 마치 공항에서 출국심사를 하는 것 과 같았다. 미리 가본 한국경제라는 영상에서도 버섯산업은 빠져 있었다. 2030년경에 한국 국민의 1인당 국민소득이 100,000달러 시대가 될 것이라는 희망찬 영상을 보면서 한국의 버섯산업은 거기에 얼마나 기여 할지 감이 잡히지 않았다. 식이 시작되기 전에 먼저 입장한 사람들에게 음료수와 와인이 제공되고 있었는데 나는 도우미에게 와인이 어느 나라 산인지 물으니 칠레산이라 한다. 나는 역시 와인에 대해서 여러 종류를 마셔 보았지만 워낙 미각에 대해서 문외한이라 아마도 칠레산 중에서는 최고급이라는 말만 들었다. 여기서 제공된 저녁만찬의 뷰페는 다른 데와는 좀 색달랐다. 가지 수가 그리 많지 않았지만 미각을 자극하는 요리들로 되어 있었고 버섯 요리는 아예 찾아 볼 수가 없었다. 버섯산업이 발전하기 위해서는 버섯요리의 선진화가 이루어져야 한다고 생각되었다. 보기 좋고, 먹기 편하고, 향기 가득한 깔끔한 음식으로 발전되어야 한다는 생각을 늘 하고 있다. 버섯을 식 재료한 음식은 이런 면에서 조금은 뒤떨어진다는 생각이 들었다. 왜냐하면 요즘은 호텔 등에서 정식으로 나오는 것을 보면 보통 접시에 조금씩 미각을 자극하도록 보기 좋게 제공되기 때문이다. 버섯이 주재료로 한 요리의 개발이 필요하고 다른 식재료가 버섯요리의 보조재료로 이용되는 음식이 많이 나와야 버섯산업의 발전이 한층 업그레이드 되리란 생각이 든다(2011.12).

제 3 부 버섯의 발견

큰눈물버섯

큰눈물버섯(Psathyrella velutina)은 이른 봄에 발생하는 버섯이다. 다른 버섯들은 아직 봄이 왔는 지 아니면 아직 추운 기운이 감도는 탓인지 발생할 생각을 안하는 데 풀밭 속에서 무더기로 발생한다. 그래서 저자는 봄의 전령사라고 명명하고 싶은 버섯이다. 학명은 Psathyrella velutina 인데 균모의 표면에 비로드같은 털이 있어서 종명에 Velutina 라는 이름이 붙어 있다. 사실 만져보면 촉감이 아주 부드러운 것을 알 수가 있다. 그리고 자루가 잘 부러진다. 그런데 이 버섯의 분류위치가 이제 바뀌게 되었다. DNA의 분자 서열에 의한 새로운 분류 체계로 배열하니 먹물버섯과(Coprinaceae)로 분류 하든 눈물버섯속(Psathyrella)이 눈물버섯과(Psathyrellaceae)로 한단계 승격되어 변경 되었고, 속(Genus)도 큰눈물버섯속(Lacrymbunda)의 전연 다른 이름으로 바뀌게 되었다. 따라서 큰눈물버섯의 학명이 Lacrymbunda lacrymbunda (Bull.) Pat. 로 바뀌게 되었다. 국제 명명규약대로 한국의 보통명도 바꾸는 작업이 이루워져야 하는 데 이것은 사실 만만치 않은 작업이다. 그러나 보통명 마저 바뀐다면 버섯학명을 이용하는 데 엄청난 어려움과 혼란이 올것이다. 대체로 한국 보통명은 학명의 라틴말의 뜻에 따라 정하기로 균학회에서 오래전에 정하였지만 전연 지켜지지 않고 있는 현실이다. 그러니 버섯연구의 어려움이 더 어려워 질것은 뻔하다. 전부터 한국 보통명이 통일된 것이 없어서 어떤 도감에서는 A라고 명명한 것이 다른 도감에는 B로 기재되어 많은 혼란을 가져오고 있다. 이렇게 되니 어찌보면 한종류가 서로 다른 버섯으로 오인하기 십상이다. 눈물버섯과 가 새로이 생기게 되었다. 이렇게 속과 종명이 바뀌다 보니 혼란이 올수밖에 없다. 이런 것이 정착이 되기에는 상당한 시간이 흘러야 할 것이다.

큰 눈물 버섯

나는 지금까지 도감에의 사용하는 한국 보통명은 어느 것에 근거를 두었다는 출처를 밝혀서 독자들이 참고를 할수 있도록 하고 있다. 학명이나 그 나라 보통명을 명명하는 데는 몇가지 원칙이 국제 식물 명명규약에 실려 있다. 식물명명규약에서 원칙은 출판권의 우선권이다. 다시 말하면 제일먼저 명명한 것을 존중하여 그 이름을 사용하여야 한다. 모르고 다른 이름을 명명하였다면 당연히 정정할 줄 아는 학자적 양심이 필요한 것이다. 물론 그 이름이 적절치 않은 것도 있게 마련이지만 가능한 한 이 원칙을 따라야한다. 적절치 않은 이름에 대하여 개칭을 하는 데 심사 숙고를 하여야한다. 개칭을 하게 되면 개칭한 사람만이 사용하게 되어 또 혼란이 오는 것이다. 학자들이 잘 지키지 않는 다는 데 문제가 있다. 이것은 정보의 소통이 안되어 자기가 발표하려는 종에 대해서 다른 사람이 발표 했는 지 모르는 데서도 기인한다. 더 문제가 되는 것은 다른 사람의 연구를 부정하려는 태도에서 나오게 된다.

큰눈물버섯이 우리 아파트의 숲속에서 두엄먹물버섯과 거의 혼재되어 발생하고 있어서 이들이 사그라 들때는 이 버섯들을 구분하기가 어려워 진다. 왜냐하면 두종류 다 거의 자실체가 검게 되고 또 단생, 군생하여서 그렇다. 다른 점이 있다면 두엄먹물버섯은 흰자루가 길게 올라 오고 큰눈물버섯은 자루의 중간쯤에 검은 턱받이의 흔적이 있고 액화를 하지 않는 다는 점이 다르다. 비가 온후에는 아파트 숲속의 그늘진 곳에 발생하고 있어서 이 눈물 버섯채집에 열중하고 있다. 균모위에 다른 균모가 겹쳐서 발생하는 수가 많아서 밑의 군모에 포자가 떨어져서 검게 보이는 수가 많다. 이 버섯의 독성분은 알려지지 않았지만 먹으면 사람에 따라서 알러지 현상으로 두드러기, 두통, 복통을 일으키는 수가 있다. 식용하는 경우는 포자가 상숙하기전에 기름에 튀기거나 볶아 먹지만 삼가는 것이 좋다(2011.7).

제 3 부 버섯의 발견

두엄먹물버섯

요즈음 나는 아침에 일어나서 우리 아파트 주위의 산책길을 따라 운동을 한다. 우리나라에서는 조경이 제일 잘된곳 중의 하나라고들 말한다. 하기사 나는 다른 아파트를 가보지 못해서 정말인지 아닌지는 잘 모른다. 하여튼 내가 보기에도 4월의 봄은 철쭉, 라일락을 중신으로 꽃이 만발하다, 특히 4월초 순경의 벚꽃은 장관을 이룬다. TV에서 여의도 벚꽃축제가 열린다는 뉴우스를 보고 모처럼 정연구원과 큰 마음먹고 구경에 나섰다. 서울에 이사온지 3년이지만 살기는 금년 3월부터라 전철타는 것을 잘모른다. 전철 노선 지도를 보고 사평역에서 9호선을 타고 여의도 역에서 내려서 한참 걸어가면 된다. 언제나 헷갈리는 것은 몇 번출구로 나가야하는 지가 어렵다. 출구를 잘못 나가면 정말 한참 고생을 하게 된다. 한번은 불광동의 자연보전협회에서 강의가 있어서 효창공원역에서 6호선을 타고 불광동을 갔는 데 엉뚱한 출구로 나와서 얼마나 헤매였는지 모른다. 사실 거의 1시간 전에 출발 하였는데 도 제 시간에 도착하지 못하였다. 그래서 이번에도 여의도 역에서 내려서 무조건 사람들이 많이 나가는 쪽으로 올라갔다. 그러나 이번에도 왼쪽으로 가야하는 데 오른쪽으로 나가서 이상하다 싶었는 데 정연구원이 멀리있는 여의도 공원 간판을 보고 다시 방향을 바꾸어서 갔다. 아닌게 아니라 벚꽃 나들에 나선 사람들이 몰려가고 있었다. 사람들은 많이 오는 데 벚꽃은 별로 피지 않았다. 벚꽃 축제의 무대를 설치하고 있었다. 이제야 벚꽃 축제 준비를 한다고 해야 옳을 것 같다. 이왕 왔으니 여의도 공원을 둘러 보는 것으로 만족하여야 하였다. 오

두엄먹물버섯

히려 우리 아파트가 더 벚꽃이 만발하게 피기 시작하고 있었다. 벚꽃을 시샘이라 도 하듯이 비가 자주 내린다. 그러면 비바람에 흩날리는 꽃잎을 보면 마음도 괜스리 싱숭싱숭해진다. 비가 그렇게 많이 오는 것도 아니고 어찌 보면 오는둥 마는둥 오는날이 많다. 사실 나는 비가 조금만 많이 오면 아피트 이곳 저곳에 버섯이 많이 나오리라 생각을 하기 때문이다. 나만의 이기적 생각을 한다.

운동이 끝나면 숲속의 풀밭 길을 따라 혹시 버섯이 나왔나를 살펴보곤 하는 데 두엄먹물버섯이 여기저기 발생하고 있었다. 이 버섯은 난형, 종모양, 원추형등 여러모양인데 거의 균모가 펴져서 종모양으로 된다. 가장자리는 갈라지고 액화를 시작하며 거의 흑갈색으로 된다. 그리고 어릴 때는 맛이 좋아서 국물까지도 마신다고 한다. 그런데 조심할 것은 술등의 알콜과 함께 먹으면 중독 증상을 일으킨다. 나는 장소를 확인하고 카메라를 들고 나와서 찍곤한다. 사실 발생장소를 찾으려고 하면 또 한참 헤맨다. 나이가 드니 모든 것이 뜻대로 잘 안된다. 분명히 허리굽혀피기 운동기구 근방이었다고 생각했는 데 다시 와서 보면 발견이 안된다. 하여튼 거의 한달 동안을 버섯들이 자라 나오는 다양한 상태를 찍을 수 있었다. 다음에는 말리는 일이다. 채집해서 적당히 말릴 장소가 없다. 햇빛이 드는 곳에 두면 미관상 안 좋다고 금방 관리사무소에 민원이 들어가서 귀찮다. 그래서 채집하여 햇빛이 잘드는 곳에 있는 산책로의 휴식 의자 밑에 놓았다. 의자 밑은 사람들 관심이 없고 거기에 자연상태로 놓아두면 이것이 풀인지 무언지 잘 모르기 때문이다. 어쩌면 등잔밑이 어둡다는 우리속담과 꼭 맞는 다. 아닌게 아니라 바람도 잘 통하고 햇빛도 잘들어서 잘 건조시킬 수가 있다. 봄철에 발생하는 버섯들은 여름철에 비하여 습기를 덜 품고 있어서 쉽사리 썩지 않는다. 또 대기중의 습도도 높지 않아서 버섯표본을 만드는 데는 좋은 계절이다. 낙엽을 뒤집어 쓰고 나오려는 버섯을 보면 낙엽등이 불룩하게 올라온다. 그래서 가만히 낙엽을 헤치면 먹물버섯이 올라오려고 애쓰고 있다. 물론 그런 상태도 찍고, 낙엽을 헤친 상태도 찍고 다양한 모양을 다 카메라에 담으려고 노력한다. 또 어떤것은 낙엽을 뒤집어 나오는 그상태도 찍는다. 먹물버섯이기 때문에 쉽게 액화될 것 같아도 2-3일 잘 버텨 주기 때문에 계속 사진도 다양하게 찍을수 있었다. 이것은 봄철이 습도가 낮은 기후 탓이라 생각된다. 무거운 낙엽을 균모에 얹고 자루가 힘차게 하늘로 쑥쑥 올라 온것을 보면 생명력의 위대함을 아니 느낄 수가 없다(2011.6).

제 3 부 버섯의 발견

귀신그물버섯을 보고 상상해본 신라

경주국립공원의 자원조사를 하면서 나는 신라인들의 버섯에 대한 생각을 상상하기 시작하였다. 김부식의 삼국사기에 의하면 성덕왕 (702~737)시대에 목균, 지균 등을 이용하였다는 기록이 있다. 목균은 나무에 발생하는 균으로 버섯을 의미한다. 나무에 나는 버섯으로는 느타리, 표고, 목이버섯, 팽이가 대표적 버섯인데 이번의 조사에서 느타리는 발견하였는데 다른 버섯은 발견하지 못하였다. 물론 표고나 팽이가 발생하는 계절이 아니어서 발견할 수가 없었다.

그러나 숲의 상태로 보아서 봄가을에는 충분히 이런 버섯이 발생하리란 생각이 들었다. 지균은 땅에 나는 버섯을 의미한다. 오늘날 땅에 발생하는 버섯의 대표적인 것은 송이, 싸리, 능이로 오늘날도 경상도지방에서는 능이를 송이보다 더 쳐주는 곳도 있는데, 이것은 하루아침에 얻어진 것이 아니고 오랜 세월에 걸쳐서 체험하여 얻어진 결과일 것이다. 송이도 경북 북부지방, 창녕 지방에서 발생하는 것을 보면 충분히 이런 종류의 버섯을 먹었을 것이란 생각할 수가 있다. 그러면 누가 이런 버섯을 먹었을까. 왕족이나 귀족계급이 먹었을까. 아니면 일반서민이나 하층민이 먹었을까. 어쩌

귀신그물 버섯

면 신분에 따라 먹은 버섯의 종류가 다르지 않았을까. 솔잎의 향긋한 냄새는 그때나 지금이나 사람들의 코끝을 감미롭게 하므로 송이버섯은 아무래도 신라의 귀족인 성골이나 진골의 신분을 가진 사람들의 몫이고 보통의 버섯들은 구황작물로서 버섯을 먹었을 확률이 높다. 그것은 일본에서 기근이 들었을 때 절에 난 버섯을 먹고 주민들이 살아나서 그 기념으로 버섯 신사를 모신다는 것을 보면 틀림없이 서민들이 굶주림을 피하기 위해서 먹었을 것 같다.

나는 백률사일대의 버섯을 조사하면서 소금강이라 부를 정도로 경치가 빼어난 이곳에 귀신그물버섯을 많이 발견할 수가 있었는데 과연 신라시대에도 이런 버섯이 발생하였는지는 알수가 없지만 여러 궁금증이 일어나는 것을 어찌 할 수가 없다. 이 시대에는 가장 고귀한 신분이 스님이었을 것이다. 백률사의 스님들은 잠시 휴식을 취하면서 산을 오를 때 검고 칙칙한 버섯을 보고 죽음이나 불행을 생각했을지 모르고 또 상처를 받으면 빨간색으로 변하는 것을 보고 어떤 생각을 하였을까? 어쩌면 스님들은 말 못하는 생물조차 자기의 아픔을 빨간색으로 표현하는 것을 보고 삼라만상의 고통을 느꼈을 지도 모른다. 지균(버섯)들도 저런 아픈 고통을 느껴서 붉게 변하는 것을 보면서 인간들이 상처를 받거나 불행이 있으면 얼마나 그 고통이 심할까를 연관해서 생각했을 지도 모른다. 땅에서 나는 하찮은 지균도 상처를 주면 빨갛게 변하는 것은 사람의 피로 생각하여 더 연민의 정을 느끼고 수도에 정진하지는 않았을까. 사실 경주국립공원조사에서 제일 우점종으로 발견된 종이 지균인 귀신그물버섯이었다(금년도가 가물고 조사 계절이 8월이라 전체적으로 우점종을 말하기는 어렵지만 이번 조사만을 놓고 볼 때).

그러나 이러한 이야기는 삼국사기나 삼국유사 어디에도 기록은 없다. 그저 필자의 상상의 날개로 타임머신을 타고 신라인들에게 돌아가서 느끼는 것 뿐이다. 한편 지균들의 어떤 것은 스님들에게 귀한 음식으로 제공되었을 것이라는 추측은 몇 년전에 충주 남산의 한국자연환경보전협회 학술조사때 본적이 있다. 그곳의 청룡사라는 사찰에서 점심을 공양받은 적이 있는데 그때 국거리로 능이를 공양 받은 적이 있다. 이런 저런 일을 생각하면서 신라인들은 버섯에 대하여 상당한 관심을 가지고 있었든 것은 분명하고 어떤 버섯을 어떻게 이용하였을 까를 상상하여본다(2008.12).

제 3 부 버섯의 발견

달걀버섯의 슬픔

작년여름은 유난히도 비가 많이 내린 것 같다. 거의 하루걸러 비가 왔으니 말이다.

우리나라가 이제 아열대성 기후로 진행 중이라고 언론매체들이며 모든 사람들이 말하고 있다. 비가 이렇게 오다보니 피해를 받는 사람도 있고 득을 보는 사람도 있게 마련이다.

해수욕장은 비 때문에 수익이 감소되어 울상을 짓는 것을 TV를 통하여 보았고 반면에 비 때문에 사람들이 휴가를 못가니 시내의 장사는 좋아졌을 것으로 생각되며 버섯을 연구하는 나도 득을 본 사람이다. 한편 생태계에서 이런 오락가락 비 때문에 이해득실이 갈리는 것들이 있게 마련이다. 제일 득을 보는 생물은 버섯이 아닌가 생각된다. 버섯이 발생하는 데는 온도와 습도가 제일 중요한데 한국의 여름은 이러한 필요충분조건을 잘 갖추고 있는데 올해처럼 비가 오면 금상첨화 격이 되는 것이다. 그래서 버섯이 우후죽순처럼 돋아나게 되는 것이다. 그러나 비에 시달려야하는 다른 생물들은 적지 않게 고통스러운 나날을 보내야한다. 그중에서 파충류의 뱀 같은 변온동물은 자기 몸의 온도를 조절하는데 많은 애로를 겪게 마련이다. 필자가 비가 온 후에 모악산으로 채집을 갔는데 등산로의 길가에 늘어진 나뭇가지에 뱀이 붙어서 햇볕을 쪼이고 있는 것을 보고 깜짝 놀란 적이 있다. 비가 오기 때문에 뱀이 자기 체온이 많이 떨어 졌기 때문에 체온을 올리려고 햇볕을 가장 많이 받기 위해서 나뭇가지에 올라가 있었든 것이다.

생태계에서는 희비가 엇갈리는 일이 인간을 비롯하여 다 일어나고 있는 것이다.

달걀버섯

비가 많이 오는 덕분으로 나는 비가 안 오는 날은 큐레이터와 함께 지리산, 모악산 등 전주 근처의 산에 버섯채집에 나섰다. 부지런한 덕분에 모악산의 중인리 계곡의 금선암 부근의 계곡에서 달걀버섯을 발견할 수가 있었다. 도감 등에는 화려하게 등장하는 버섯이지만 필자는 근년에 들어서 처음 발견한 셈이다. 더군다나 자실체가 싱싱한 것을 거의 발견치 못했고 또 많이 발견도 하지 못한 터였다. 달걀버섯다운 사진을 마음껏 찍을 수 있는 기회가 온 것이었다. 그런데 이 버섯은 역사적으로 많은 일화를 가지고 있는 버섯이라고 아는 사람은 그리 많지 않다.

고대 로마의 클라우디스 왕은 어느날 주황색 버섯으로 요리한 독버섯 음식을 먹은 후 12시간도 못 되어 죽었다. 왕비는 그 버섯이 제일 맛좋은 달걀버섯으로 속여서 먹인 것이다. 많은 역사가들은 아내인 아그리피나 왕비가 왕에게 독버섯을 달걀버섯으로 속여 계획적으로 죽였을 거라고 추측한다. 아그리피 왕비는 전남편에게서 얻은 아들이 있었는데 이 아들을 왕위에 오르게 하기 위하여 왕을 살해하였다는 것이다. 그런데 왕위를 이어 받은 왕비의 아들이 바로 포악하기로 이름난 네로 황제였으니, 로마의 운명은 제일 맛좋은 달걀버섯과 독버섯으로 인해 하루아침에 역사가 달라진 셈이다. 또 러시아의 어느 황제도 독버섯을 달걀버섯으로 잘못 알고 먹고서 죽었다는 일화도 있다.

달걀버섯은 서양에서는 처음에 황제의 뜻을 가진 Caesarea라는 것을 종명에 사용하여 Amanita caesarea라고 명명하였다. 이것은 서양에서는 황제버섯이라는 뜻이다. 그만큼 서양에서는 버섯가운데선 최고로 치는 버섯이다.

균모의 모양이 화려한 주황색이고 인편이 있고 자루의 인편 띠는 뱀 껍질 모양으로 되어 독버섯을 연상케 한다. 그러나 이 버섯은 맛이 너무 좋아서 서양에서는 황제버섯이란 칭호를 받는다. 이 버섯을 구우면 냄새는 둘이 먹다 하나가 죽어도 모를 정도의 구수한 냄새가 난다. 네로 황제는 이 버섯을 따오는 사람에게 이 버섯의 무게를 달아서 이 버섯 무게만큼의 황금을 상으로 주었다고 한다. 얼마나 맛이 좋길래 네로 황제도 황금을 주었는가를 생각하면 이 버섯의 맛을 상상할 수가 있다.

달걀버섯은 맛은 한없이 좋지만 달걀버섯을 닮은 독버섯이 있어서 한나라의 왕의 목숨까지도 빼어가는 불행을 가져온 것이다. 달걀버섯은 슬퍼해야할까 아니면 기뻐해야할까를 생각하면 이 세상의 모든 것은 득과 실이 함께 존재한다는 지혜를 터득하라는 교훈으로 삼는 것이 중요하리라 생각된다 (2007.10).

제 3 부 버섯의 발견

버섯 생태의 보고 이끼

2011년에 주로 서울 시내, 근교의 왕능인 선능, 서오능, 동구능으로 채집을 하러 갔다. 그 중에서 제일 많이 채집 간 곳이 구리시에 있는 동구능이다. 구리시는 고구려와 아주 밀접한 관련이 있는 곳으로 거리 곳곳에 고구려의 기상을 물려받자는 문구가 담벼락 등 거리 곳곳에 붙어 있고 버스에도 붙어 있는 것을 볼 수 있다. 그래서 구리시라는 명칭도 고구려의 "구"를 따온 것이 아닌가 생각 되었다. 구리시의 대장간 마을은 아차산에서 북쪽 등산로로 내려가면 만날 수 있다. 아차산은 잘알다시피 한강을 차지하기 위해서 고구려가 만든 요새지인데 군사들에게 무기를 공급하여 주던 곳이 아닌가 생각된다. 한강을 고구려, 신라, 백제 중 어느 나라가 차지하느냐는 나라의 발전과 운명에 아주 중요한 군사적 요충지였기 때문에 이곳을 차지하기 위해서 치열한 싸움을 벌였던 곳이다. 고구려는 삼국중 상대적으로 수도인 평양과 거리가 멀어서 물자 공급이 어려웠기 때문에 이곳에 병참기지를 만들어서 무기를 공급했던 것으로 생각된다. 이유야 어떘든 구리시는 한강을 차지하기위한 고구려 군사들의 배후 병참기지로서 아주 중요한 역할을 했든 곳임은 분명하다.

동구능이란 동쪽에 왕능이 9개가 있기 때문에 붙인 이름이다. 동양 최대의 왕능이 있는 곳이라고 한다. 능과 능 사이를 이어 주는 동선이 거의 평지여서 구경하기에 수월하다. 전체적으로 이곳은 지형이 별로 험하지 않고 평지가 많아서 시민들의 휴식 공간으로서는 적격이다. 관광지로서도 훌륭한 곳이다. 특히 일본 관광객들이 많이 오고 있었고 중고등학생들도 체험 학습하러 많이 오고 있었다. 또 유치원생들이 왕능 입구에 조성된 풀밭에서 놀이를 하는 것을 보면 한폭의 그림을 보는 것 같아서 나도 마음이 즐거워진다.

외국의 도감을 보면 이끼류가 자라는 곳에서 찍은 버섯 사진들이 많아서 아마도 외국은 이끼류가 자라는 곳이 많아서 그런가보다 생각했지 별 신경을 쓰지 않았다. 사실 나는 습지에서 버섯을 채집한 적이 거의 없기 때문에 대수롭지 않게 생각하였다. 동구능의 사무실을 따라 올라가는 오른 쪽은 거의 100M에 가까운 길이에 왼쪽에 도랑이 있고 그 둔덕에 이끼(Moss)류가 잘 자라고 있다. 이끼류에서 무당버섯류, 그물버섯류, 땀버섯류, 콩두건버섯류 등을 채집하였으며 그중에는 독특한 형상의 버섯도 채집할 수 있는 기회를 가질 수 있었다. 대체로 버섯들은 백두산의 천지 바로 아래의 기후관측소 부근에서 자라는 버섯들처럼 원색의 고운 색깔을 가지고 있는 것이 많았다. 그 중에서 긴대안장버섯(Leptopodia)의 새로운 품종을 발견하였다. 긴대안장버섯은 두부의 뒷면의 자실층이 밋밋한데 이 버섯은 자실층면이 조그만 돌기들이 마치 원을 그린 듯이 모자익 형태를 이루고 있다. 또 무리를 지어 발생한다. 콩두건 버섯류인데 자실체 전체가 검은 녹색이면서 투명한 것이 흔한 콩두건 버섯과는 달랐다. 이런 것은 아마도 이끼류의 보수력 때문이 아닌가 생각되었다. 다른 곳은 건조하여도 이끼류가 자라는 곳은 언제나 물기를 함유하고 있는 것이다. 이끼류는 서로가 꽉 붙어서 군집생활을 하므로 보수력이 좋기 때문이 아닌가 생각된다. 이런저런 이유로 늦가을 까지 부지런히 동구능을 가게 되었다. 내가 한 곳을 자주 가는 이유는 버섯들은 변이가 많기 때문이다. 지난번에 채집한 종이 이번에는 다른 종처럼 보이는 때가 많다.

긴대안장버섯

계속해서 관찰을 하므로 종을 동정하는 데 도움이 되고 또 그 종의 일생사를 알 수 있는 기회와 생태적 특성을 알 수 있기 때문이다.

이제 눈이 펑펑내리고, 눈이 쌓이는 계절인 겨울철로 접어들면서 나는 벌써부터 마음이 설레인다. 사실 겨울에 발생하는 팽나무같은 버섯과 변형균류를 채집하려고 해도 쉽지 않았기 때문이다. 눈이 많이 내리고 쌓이면 차량 운행도 위험하고 카메라를 들고 배낭을 메고 산으로 가는 것은 위험해서 겨울 채집을 거의 못했기 때문이다. 그러나 동구능은 전철로 가면되고 마을버스로 갈아타면 되기 때문에 편하다. 왕능 안은 거의 평지여서 올 겨울에는 본격적으로 겨울 균류를 채집할 수 있으리라 생각되기 때문이다. 또 이끼류가 자라기 때문에 새로운 균류를 만나는 기회가 오리라 기대하여 본다(2012.1).

제 3 부 버섯의 발견

행복의 척도를 다시 생각게 하는 겨울 버섯의 꽃 팽나무버섯

눈속을 뚫고 나오는 버섯이 있다. 정확히 말하면 눈을 뒤집어쓴 버섯이다. 버섯은 보통 여름에만 나오는 것으로 알지만 대표적 저온성 버섯인 팽이(팽나무버섯)는 추운 겨울에 발생한다. 물론 가을부터 초봄까지 발생하는 버섯이다.

학명인 Flammulina velutipes의 속명인 Flammulina는 라틴어의 불꽃이라는 뜻이고 종명인 Velutipes는 양모, 털이라는 말이다. 겨울철의 팽나무버섯은 적갈색이어서 불처럼 타오르는 느낌이거나 아니면 겨울철을 넘길 수 있는 따뜻함이 필요하기 때문에 부쳐진 이름으로 짐작이 간다. 언뜻 보면 밋밋하고 매끄러워 보이지만 자세히 들여다보면 미세한 비로드같은 털이 균모를 뒤덮고 있는 것을 알 수 있다. 동물들처럼 추위를 막기 위한 방한복인지 모른다. 같은 저온성버섯인 송이는 엄동설한에는 발생하지 않는다. 이것들은 소나무의 보호아래 혹독한 추위를 이겨내는 것이다. 유독 팽나무버섯만이 엄동설한에 발생하는 것은 무슨 이유일까. 따뜻하고 유기물이 잘 분해되는 여름철에 다른 버섯들과의 투쟁에서 패배하여 나무속의 한켠에 웅크리고 있다가 다른 버섯균사들이 추워서 움추러드는 때에 누구의 방해도 받지 않고 또 누구와도 경쟁하지 않고 홀로 겨울에 발생하는 것일까. 물론 혼자서 활개 칠 수 있는 공간은 있지만 버섯의 균사들이 성장하기에는 환경은 너무 열악한 것이다.

버섯도 곰팡이의 일종이어서 습기와 온도가 생존에 가장 중요하게 작용한다. 습기가 적당하게 있고 온도도 30°C에 육박하여야 곰팡이들은 자기의 생활 영역을 넓히게 되는 것이다. 여름철에 비가 오면 시골의 천장, 벽 등에 곰팡이가 피어나는 것을 볼 수 있지만 겨울에는 흔적만 있지 절대로 피어나지 않는다. 동물 특히 사람에게 많은 무좀도 겨울철엔 별로 간지럽지 않아서 긁지 않고 편히 지내지만 여름철엔 간지럽고 긁지 않고는 생활하기가 어려운 것을 경험으로 알고들 있다. 이것은 겨울에는 균들이 활동하지 못하기 때문이고, 여름철엔 활발히 활동하기 때문이다. 겨울은 습기가 적어지고 온도는 곰팡이들이 가장 불리한 조건을 제공하므로 곰팡이의 생활에 최악의 조건이다. 그런데 유독 팽나무버섯은 어려운 환경 속에서 자기의 종족을 퍼뜨리기 위해서 겨울에 발생한다. 사실 이것도 우리 사람의 입장에서 본 것이지 팽나무 입장에서 보면 겨울이 자기에는 아늑하고 즐거운 환경일 것이다.

겨울의 팽나무버섯

사람들은 자기의 가치관과 주관으로 모든 사물을 보고 판단하는 경향이 있다. 그래서 우리는 티벳이나 오지에 사는 소수 민족들의 삶을 보면서 연민의 정을 느끼는 오류를 범하고 있다. 티벳 사람들은 만차를 돌면서 그 나름대로의 만족과 행복을 느끼는 것을 우리는 우리의 편리한 생활에 비추어 그것을 안쓰럽게 생각한다. 티벳 사람들은 서양 사람들에게 하는 말이 너희 서양인들은 모든 것이 풍족하고 편한 생활을 하면서 왜 그렇게 불만이 많고, 고뇌속에서 사느냐고 묻는다. 수명도 티벳 사람들은 그리 길지 않다. 그러나 우리나라나 유럽, 미국 사람들의 수명은 80살을 넘어서 머지않아 100살에 도달할 것이다. 그럼에도 불구하고 더 오래 살려고 아둥바둥하고 있다. 지금 우리는 집에서 편히 컴퓨터로 우리의 의식주를 해결할 수가 있고, 질병도 쉽게 진찰하고 치료할 수가 있다. 못사는 티벳이나 오지 사람들의 행복과 물질문명이 발달한 우리의 행복의 기준이 왜 이렇게 엄청나게 다른 것일까. 과연 행복의 척도는 무엇이며 어떻게 측정할 것인가.

부와 명예, 수명이 결코 행복의 척도는 될 수가 없기 때문에 오늘날 많은 사람들이 수도를 하고 고행을 하고 남을 위해서 희생하는 것이다. 흔히 우리는 행복 지수가 티벳사람이나 오지의 소수 민족보다도 훨씬 낫다고 하는 이유가 무엇일가. 건강지수도 낫다고 한다. 오래살기는 하지만 아픔과 고통속에서 너무 살기 때문에 오래사는 것이 과연 행복의 척도가 될 것인가. 생각하기에 따라 다르겠지만 행복의 만족도는 민족마다 사람마다 다른 것만은 확실하다.

겉모양으로 보면 추운 겨울에 나오는 팽나무버섯은 안쓰러워 보일지 모르지만 팽나무 자신은 자기만큼 행복하고 종족을 보존하는 방법이 훌륭한 것이 있으면 나와 보라고 말한다고 하는 것을 사람들은 얼마나 이해할까.

제 3 부 버섯의 발견

변형균류의 한국 보통명 "먼지"

변형균류는 세포벽이 없어서 진균류와는 구별되는 생물이다. 변형균류는 말 그대로 모양과 색깔이 변해서 붙여진 이름이고 또 점균류라고도 하는 데 이것은 끈적거리기 때문이다. 그러나 이들이 종족보존을 위해서 최후로 만든 것은 포자들이다. 그래서 다 성숙하면 꼭대기가 터져서 가루같은 먼지를 날려보낸다. 말불버섯이나 어리알버섯을 연상하면 된다.

이렇게 모양과 색깔이 변하기 때문에 사람들은 처음의 모양과 색깔이 달라진 후의 변형균을 다른 종으로 생각하기가 쉽다. 처음의 모양과 색깔이 변하는 시간은 주위 환경에 따라 다르리라 본다. 환경 중에서도 습기, 햇볕이 큰 영향을 주는 것 같다.

2011년 7월 23일 토요일 오전7시경에 분홍콩먼지를 발견하였을 때는 분홍색에 미세한 알갱이가 있어서 참으로 형용하기 어려울 정도의 아름다움이 있었다. 그래서 나는 아침을 먹기 전이어서 아침을 먹고 찍으려고 마음먹었는데 정작 촬영은 점심을 먹고 오후 1시쯤 찍으려고 갔드니 벌써 회흑색으로 색깔이 변하여 있었다. 그 가운데 2개가 아직 분홍색을 띠고 있었지만 사진을 찍었다. 그리고 다시 오후 5시경에 어떻게 되었나 가 보았드니 아직 그대로였다. 나의 예상은 아주 새까맣게 되었으리란 생각이 빗나간 순간이었다.

다음날 (일요일) 아침은 이슬비가 부슬부슬 내리고 있었다. 우산을 들고 운동겸 그 절주나무를 보러 갔다. 관연 어떻게 변하였을 까하는 궁굼증에서. 어제 발생한 분홍콩먼지 옆에 또다시 순수한 분홍색먼지가 일렬로 나있는 것이

분홍콩 먼지

아닌가. 이번에는 바로 집으로 들어와서 카메라를 들고 나가서 찍었다. 그때가 7시 30분경. 오늘은 흐리고 하니 어떻게 변할까 궁금하다. 역시나 11시경에 보니 회흑색으로 변해 있었다.

변형균문(점균문)의 종명(Species name)을 도감등에는 보통명으로 어미에 분홍콩점균이라는 말을 쓰고 있는 데 이것은 잘못된 것이다. 국제 명명규약에 분류학적 술어는 보통명(Common name)에 쓰지 못하게 되어 있다. 변형균류(점균류)는 변형균문(점균문)으로 분류하기 때문이다. 예를 든다면 식물은 식물계의 분류학적 술어여서 초본이나, 목본류에 000 식물이라는 이름을 가진 식물은 없다. 곤충도 마찬가여서 곤충도 곤충강의 분류학적 술어여서 000곤충이라는 이름을 가진 곤충은 없다.

우리 속담에 문상집에 가서 망인을 위하여 밤새도록 울고 나서 누가 죽었는 지도 모른다는 말이 있다. 적어도 누구를 위해서 슬퍼하고 우는 정도는 알아야 한다는 말이다. 학문도 기본적인 것을 잘아야 그 분야가 발달할 수가 있다. 이제부터라도 잘못된 것은 바로 잡아 나가야 한다. "먼지"는 변형균류(점균류)를 지칭하는 한국 보통명인 것이다. 먼지라는 뜻은 한국말의 가루 같은 뜻으로 변형균들이 최종적으로 포자가 먼지나 가루처럼 되어 방산 시키기 때문에 지어진 이름이다. 그래서 처음으로 변형균류의 종명에서 한국 보통명을 "먼지"라고 쓸 것을 여러 논문에서 제안하였다. 필자는 한국 보통명에 "분홍콩먼지"로 사용하여 왔고 변형균류의 미기록종을 수십종 발표하였다. 그런데 아직도 점균을 한국 보통명에 쓰는 사람들이 있는 것은 유감스러운 일이다. 변형균류에 대한 한국 보통명이 없었기 때문에 아무 생각없이 사용하는 것은 분류학적으로 보면 부끄러운 일이다. 이제부터라도 변형균류(점균류)의 한국 보통명이 "먼지"라는 것을 알아야 할 것 같다(2011.8).

제 4 부 버섯의 희망

버섯축제

지금 한국에서는 여러군데서 버섯축제가 열리고 있다. 거의가 지역축제로 버섯 생산업체들이 버섯 판매 전략의 일환으로 개최하는 곳이 대부분이다. 나는 이런 행사를 하는 사람들의 뜻과 노고에 정말 경의를 표한다. 버섯이라는 생물이 아직 우리 국민에게 먹거리 식품에서 이제는 웰빙식품 정도로 알고 있지 아직은 관심밖의 식품이라고들 생각하기 때문이다.

이것은 내가 어느 교육청을 방문하여 초등학생들이 버섯 축제행사에 학생들을 참여하도록 부탁하러 갔을 때 들은 이야기다. 한마디로 버섯은 국민이나 학생들이 잘 모르고 있으며 토픽이 안되는 주제라는 것이다. 다시 말하면 버섯축제를 하기에는 시기상조라는 것이다. 일방적인 그 학무과장이라는 사람의 말을 들으면서 마음은 편치 않았지만 실제 교육현장에서 이것이 현실이라는 것에 충격을 받았다.

우석대학교에서 "세계버섯페스티벌" 이라는 주제로 축제의 실무책임을 맡으면서 너무 많은 것을 배우고 느꼈기 때문이다. 아무 준비도 안된 상태에서 기관장의 의지로만 한다는 것이 얼마나 어려운 일인지 해본 사람이 아니면 모를 일이다.

축제를 하기 위해서는 자금, 시간, 인력이 필요한데 그 어느 것도 제대로 안된 상태에서 축제를 한다는 것은 설상가상이 아닌가 생각 되었다. 실패를 두려워하면 성공도 있을 수 없다는 말에 공감하면서도 마음 한구석에는 두려움도 도사리고 있었다.

세계버섯 축제

들리는 말로는 동네에서 하는 행사도 거의 일억에 육박한다는 말을 들었다. 축제전문가의 말로도 축제의 기본 예산은 3억에서 출발한다는 것이다. 그중에서 홍보비로 40%, 예비비 15%, 그리고 실제 행사비로 나머지를 쓴다고 한다. 홍보비가 많이 드는 것은 우리나라의 축제가 관람객 수로 성공여부를 따지기 때문으로 생각된다. 내용은 어찌 되었든 관계없이 축제에서 난장판 같이 북적 되면 축제는 성공으로 간주하기 때문이다. 실제 홍보가 없으면 축제가 있는지 없는지 아는 사람이 거의 없다. 그것도 주로 공중파를 이용한 TV방송이 아니면 거의 효과가 없다. 다시한번 TV의 위력을 실감할 수가 있다. 하기야 우석대학교 학생들도 자기 대학에서 축제가 있다는 것을 알고 있는 학생은 얼마 될까 할 정도였다. 행사 기간 중 우리 대학생들은 극소수에 지나지 않았기 때문이다. 예비비는 축제때 예상치 못했든 돌발사건이 발생했을 때 사용된다. 아무리 예상을 하고 계획을 세워도 언제나 돌발변수는 있다는 것이다. 그리고 사건을 처리하는데 바로 직접적이고 현장에서 해결해야 하기 때문에 비용이 필요하다. 이 사건이라는 것이 관람객에게 서비스해야 하는 항목이기 때문이다.

축제의 중요한 축은 역시 관객동원, 판매장 운영, 행사내용이다. 이 세 개를 원만히 운영한다는 것이 그리 쉬운 일은 아니다.

어느 조직이나 마찬 가지지만 말들은 일목요연하게 그럴싸하게 하면서 실행면에서는 무관심한 행동은 정말 사람을 곤혹스럽게 하는 것이다. 흔히들 말하기 쉽게 미국의 케네디 대통령이 한말을 인용해 아전인수격으로 하는 것을 보게 된다. 어렵다고 도와 달라고만 하지말고 스스로 해결하라는 등, 어려움을 알면서 무엇을 도와 줄 것인가는 상관 안하고 보고 받기만을 바라는 권위주의 사람들, 일하는 사람의 목뒤를 치려는 사람들 때문에 더 피곤하게 하는 것들이다. 어느 중견교수가 한말이 귀에 생생하게 들은 것은 축제가 끝난 뒤 한참 후에 들은 말이다. 사람들은 말로는 위로하지만 실상은 시기심이 더 많다는 것을. 조직을 꾸려나가는 데 권위와 억압, 직책만으로는 조직을 관리도 운영도 안된다는 것을 깨닫게 되었다.

조직의 운영에서 제일 덕목은 감동(Feeling)을 주는 경영이어야지 그래야만 내일 그만 두는 한이 있어도 오늘은 즐겁게 일 할 것이고 조직을 떠난 후에라도 불평불만이 없는 것이다. 이런 분위기의 조성을 기본적으로 누가 할 것인가 한번 쯤 생각게 하는 귀중한 교훈을 얻었다(2008.1).

제 4 부 버섯의 희망

버섯캐릭터

버섯산업을 육성시키는 데 사람들은 양질의 버섯을 대량생산하여 판매하는 것이 제일로 생각한다. 또 하나는 버섯을 이용한 음식물로 요리를 통해서 소비를 촉진하고 판매를 하는 것이 버섯산업을 일으키는 요인으로 생각하는 사람이 많다. 틀린 말은 아니지만 그것만으로는 버섯산업을 증진시키는 데 한계가 될 것이다. 버섯을 이용한 제 2의 새로운 산업을 개발하는 것이 중요하다. 그중에는 버섯으로부터 항생제 같은 새로운 물질을 추출한다든지 아니면 새로운 제품의 개발이 있을 수 있다.

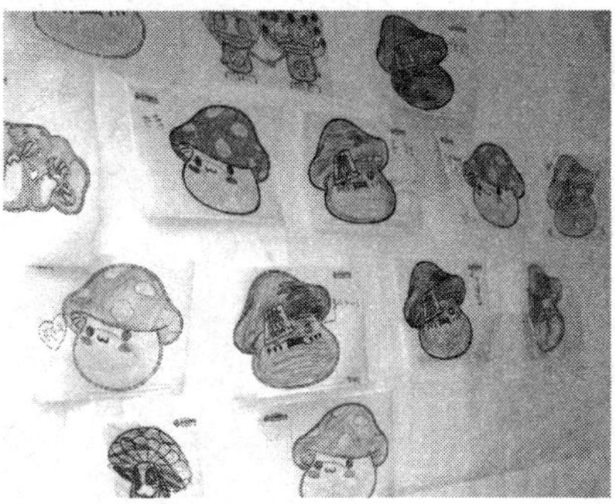

버섯 캐릭터

나는 버섯박물관에 관심을 가지다 보니 박물관 등에 전시하고 박물관을 찾는 사람들에게 무언가 감동을 주고 잔잔한 웃음이 입가에 흐르게 할 수 있는 캐릭터 같은 개발을 항상 생각하고 있다. 그래서 나는 언제나 버섯산업에 종사하는 사람들에게 먹거리 다음에 버섯캐릭터를 힘주어서 강조하곤 한다. 그래서 작년에 학회 참석차 대만에 갔을 때 이방면에 관심을 가지고 보았다. 충칭 식물원의 버섯전문가인 주문능의 연구실에서 본 것으로 버섯의 문양을 모든 생활용품에 이용하고 있었다. 주전자 뚜껑, 화분, 그릇, 컵, 찻잔, 하여튼 생활용품 어디에나 버섯의 문양을 새겨 넣었다. 그리고 또 벽에 벽화식으로도 버섯을 넣었고, 화가들이 버섯을 소재로도 그린 것을 보면서 버섯을 다양하게 활용할 수 있다는 것을 알 수 있었다. 버섯 전시장에서 본 것으로는 플라스틱으로 버섯의 모형을 사람 형상으로 만든 것이 재미있었다. 둥근 모자에 여기저기 버섯의 점박이 무늬를 넣으니 버섯모양으로 변신한다. 영화 지붕위의 바이올린이라는 영화가 있었다. 그것은 지붕위에서 사람이 바이올린을 연주하는 것인데 버섯 균모 위에 다른 캐릭터를 접목시키는 것이다. 이런 것은 잘만 개발하면 값싸게 어린이들에게 공급하여 흥미를 유발할 것 같았다. 균모에 어린 아이의 얼굴을 재미있게 그려 넣어 만든 저금통은 웃음이 저절로 나오게 하였다. 또 버섯위에 어린 아이가 버섯을 딴 바구니를 든 모양, 또 어린이 만화 영화 가제트 모양 등 다양한 흥밋거리를 유발할 수 있는 캐릭터로 개발하는 것은 새로운 버섯산업으로 나아가는 시발점이 될 것 같은 생각이 든다.

버섯이라는 소재로 버섯과 어울리는 다른 동물, 인간을 같이 합성함으로써 얼마든지 버섯의 캐릭터를 개발할 수가 있을 것 같았다. 지금 우리는 다양한 문화의 캐릭터 속에서 살아가고 있다. 어떤 고정 관념으로는 살 수 없고 그랬다간 낙후되기 십상이다. 어떤 사람은 라면으로 100여 가지의 음식을 다른 모습으로 퓨전 한다는 말을 들었다. 그만큼 라면을 그대로 먹는 것은 이제는 시대에 뒤떨어진 것을 말한다. 요즈음 흔히 말하는 음식의 퓨전이다. 버섯도 지금의 일차 먹거리로만 먹는 시대에서 버섯의 3차적인 고부가가치를 생산할 수 있는 연구가 필요하리라 본다. 흔히 말하는 버섯 요리도 중요하지만 버섯을 이용한 다른 상품과의 퓨전이 필요하다. 버섯모양의 케이크, 빵, 버섯 모양을 이용한 귀거리, 열쇠고리, 넥타이 등 꼭 버섯을 먹거리로만 이용하려 말고 버섯의 또 다른 가치를 이용하여야 발전을 가져 올 수 있는 계기가 될 것이다.

주방기구도 버섯문양의 후라이팬, 버섯모양의 붕어빵 같은 기계, 버섯모양의 장식용 등 여러 가지 생각을 확장할 수 있는 지혜가 꼭 필요하다. 그래서 나는 가끔 꿈을 꾼다. 박물관을 만든다면 버섯의 갖가지 캐릭터를 만들어서 어린이들에게 환상의 세계를, 어른들에게는 어떤 먼 나라의 여행을 하는 것 같은 꿈같은 생각을 하면 얼마나 좋을까. 캐릭터를 보면서 재미있는 소설의 세계로 이끌어 갈 수 있는 계기가 된다면, 그리고 위대한 동화가 쓰여지고, 버섯을 소재로 한 에니메이션 같은 작품이 만들어 질 수도 있지 않을까. 버섯의 캐릭터의 무궁무진한 개발은 또 다른 우리생활의 재미있는 동화나 소설로 태어 날 수 있는 밑거름이 될 수 있다는 생각을 하여본다(2010.7).

제 4 부 버섯의 희망

버섯도감

작년 8월에 3인의 공저로 한국버섯도감 1권이 출간되었다. 필자도 그 중의 한사람으로 참여하였다. 현재 한국에서 확인된 2,000여종의 버섯을 3차례에 걸쳐 발간할 예정으로 제1권을 출간했다. 이 도감의 특징은 Dictionary of the Fungi 10th Edition (CAB International)의 분자생물학적 DNA염기 서열을 중심으로 한 분류체계에 따라 한국산 버섯을 재분류 하여 저술하였다. 현재 분류학의 학문은 매년 거의 분류 체계가 바뀌어서 정신이 나갈 정도다. 균학도 그 예외가 아닌 것은 두말할 나위가 없다.

세계의 학문을 선도적으로 이끄는 나라는 물론 영국이다. 복제양 둘리를 탄생시킨 것을 기점으로 전 세계가 복제 기술에 열을 올리고 있는 것이다. 그래서 우리나라도 줄기세포의 연구 파동을 겪은 것이 아닌가. 하여튼 영국은 무언가 꾸준히 연구하는 나라다. IMC-9 총회때도 지금까지 모든 초록(Absrarct)를 CD로 만들어서 등록자에게 주는 것을 보면 무언가 새로운 시도를 계속하는 것이다. 작년 대만 아시아 균학회때만 하여도 책자로 발행하던 것을 비용이며 간편함을 고려할 때 말이다. 아쉬운 것은 창조적인 일을 주도적으로 하면서도 꽃을 피우는 최고점 도달이 미국 등 부자나라에 비하여 적다는 것이다. 어떻게 보면 시작은 영국에서 하지만 그것을 발전시키고 번창시키는 일은 돈이 많은 미국이나 독일에서 결실을 맺는 것 같은 생각이 든다. 오대양 육대주에서 해지는 날이 없다던 나라가 왜 이렇게 어려운 나라로 전락한 것인지 안타까울 뿐이다. 레딩대학에 방문교수로 갔을 때도 그 옆에 대

한국의 식용 · 독버섯도감

학이 있었는데 그 대학에 주로 일본인들이 유학하고 있었다. 그래서 그때 하는 말들이 같은 섬나라이기 때문에 영국을 일본이 먹여 살린다고 하는 것을 들은 적이 있다. 하지만 아직도 영국의 저력은 여기저기에 남아 있다. 비록 경제적인 강국은 아니라도 학문에서 영국의 창조성을 능가하는 나라는 없는 것 같다. 국제균학회만 보더라도 벌써 9번 개최되는 동안 2번이나 영국에서 개최한다는 것은 그들이 학문의 세계를 이끌겠다는 잠재력을 보여주는 것이다. 이것은 비록 경제력은 조금 약하지만 세계의 학문의 강국을 보여 주겠다는 그들의 자부심이 배어 있는 것은 아닐까.

이번 도감의 내용은 거의 다 이태수박사가 주로 행하였으며 필자나 이지열 박사는 보조적인 일을 하였다. 버섯 설명 첫머리에 버섯의 특징을 간단하게 기술하여 이것만으로도 어떤 버섯인가를 알 수 있도록 하였다. 이것은 지금까지 보지 못했든 참신한 구성이다. 한국에서는 이와 같은 원색의 책은 거의 판매가 안 된다는데 문제가 있다. 출판을 하여도 조판비가 안 나오니 출판사들이 출판을 꺼리는 것은 말할 나위가 없다. 사실 버섯사진 1장을 찍는 데도 얼마나 많은 시간과 노력이 들었는지 아는 사람은 거의 없다. 사람들은 단순히 사진을 보면 저 정도는 나도 얼마든지 찍는 다고 생각하지만 실제로 하여 보면 그리 쉽지 않다는 것을 알게 될 것이다. 저자인 이태수 박사는 30여년간을 국립산림과학원에 재직하면서 틈틈이 아니 온종일 버섯을 채집하여 분류한 것이다. 한마디로 현장의 생생한 산림버섯을 몸으로 느끼면서 버섯을 연구한 산림버섯의 권위자다. 필자도 대학에서 강의하는 외에 자연환경보전협회장, 한국형 생태관광 연구포럼 대표, 한국 보호지역 포럼운영위원, WCC총회 실무지원 위원으로 활동하면서 틈틈이 버섯도감 집필을 도왔지만 만족스럽지 못한 것 같아서 미안한 마음 금치 못하고 있다. 이지열 박사는 전 한국균학회 회장, 전주교육대학교 총장 등으로 재직한 분으로 한국에 처음으로 근대적 버섯연구의 기초를 다져온 원로 학자분이다. 그 분을 존경할 만한 것은 90살이 넘은 고령에도 불구하고 지금도 현역 못지않게 저술, 논문심사, 버섯채집 등 매사에 정열적으로 참여한다는 것이다. 나는 이런 분들과 공저로 원색버섯도감을 내게 된데 무한한 자부심을 가진다(2011.1).

제 4 부 버섯의 희망

버섯도감 작업은 뼈를 깍는 고통의 연속

요즈음 백두산 버섯도감을 발간하기 위하여 지난 겨울동안 쉴틈없이 일하여 왔다. 거의 지난 10년간 백두산에서 버섯을 채집하여 동정한 것들이다. 길림장백산국가급 자연보호구관리연구소의 왕백씨가 많은 사진을 찍었지만 쓸만한 사진이 별로 없다. 나도 4번이나 백두산을 가서 많은 사진을 찍었지만 문제는 동정에 어려움이 많았다. 버섯을 채집하여 버섯의 특징을 기재하고 포자를 관찰하여야 동정에 어려움이 없는 데 백두산에서 사진 찍고 버섯을 채집하여 건조하는 것이 너무나 많은 고충이 있었다. 비가 오는 속에서 사진을 찍고 표본을 숙소로 가지고 와서 말리는 과정에서 그대로 썩기 때문에 동정이 이래저래 어려움이 많았다. 건조한다는 것이 방바닥이나 창틀에 널어놓아서 말리기 때문에 상상이 갈 것이다. 왕백씨가 건조표본을 만들어 주었지만 버섯과 사진을 대조하기가 어려웠다. 거의 10년간에 걸친 연구의 결실을 맺기 위하여 표본과 사진을 중심으로 동정하는 데 너무나 힘이 들었다. 왕백의 버섯 목록, 내가 채집한 목록 등의 종이가 해지도록 보고 또 보고, 관찰이 가능한 것은 관찰을 하면서 사진을 맞추어 나가는 작업은 그야말로 험난한 작업이었다. 같은 버섯이라도 도감의 사진이나 그림이 동양과 서양이 너무나 다른 것이 많고 사진의 선명도에 따라서 모양, 색깔, 크기에서 확실치 않아서 같은 종이 이렇게 다르게 보여서 여간 힘든 작업이 아니다. 사실 학명이 없다면 전혀 다른 종으로 판단하기 쉬운 것들이 너무 많다. 버섯은 자랄 때의 주위 환경 때문일 것이다. 어릴 때, 성숙하였을 때, 사그라들 때의 모양과 색깔이 다른 것이 대부분이고 같은 종이라도 양지 바른 곳, 어두운 숲속, 습기를 머금어서 축축할 때가 틀리기 때문이다. 어떤 사람들은 왜 어떤 기준점 다시 말하면 온도, 습도 이런 것을 정하고 거기에 맞게 촬영하면 될 것 아니냐고 이야기하지만 버섯은 수명이 짧아서 기준점을 정하기 어려운 상황이다. 또 버섯이 어린 것을 발견하면 그것이 다 성숙할 때까지 기다릴 수가 없기 때문이다. 사실 그래서 버섯분류 생태연구의 어려움이 있게 된다. 채집지에서 바로 버섯을 설명하면 되겠지만 그렇게 하면 너무 많은 시간이 소요되므로 간단히 메모하여 오지만 그것도 쉬운 작업이 아니다. 백두산의 버섯을 정리하여보니 1,000여종은 넘을 것으로 생각된다. 물론 그중에는 사진이 좋지 않은 것도 있지만 어떻게 이런 사진들을 사실감이 나게 만드냐가 관건이 될 것 같다. 대단히 많은 종류가 남한에는 보고 안된 종이어서 이들의 이름 붙이기에도 어려움이 많을 것으로 예상 된다. 버섯도감 작업을 한다는 것은 뼈를 깎는 고통이

장백폭포

따르게 마련이다. 이 고통을 슬기롭게 넘기는 것이 또한 지혜일 것이다. 분류체계도 바뀌어서 새로운 체제로 만드는 작업이 있어야 할 것 같고 또 버섯 하나하나의 설명을 한다는 것은 정말 어려운 일이다.

자연은 나의 이러한 인간적 어려움은 아랑 곳 없이 유혹을 한다. 버섯이 발생하기 시작하면 자연이 버섯 채집을 하기 때문이다. 은사이신 이지열박사는 나보고 하루 3시간이상 연구는 무리이니 앞날을 위해서 건강을 유지하라고 충고하시지만 내가 거기에 따라 갈지는 나도 장담할 수가 없다. 도감작업도 하면서 채집한다는 것은 쉬운 일이 아니다. 우리말에 두 마리 토끼를 으면 한 마리도 못잡는 다는 속담이 생각난다. 그러나 나의 현실은 두 마리를 쫓아야 한다.

나는 버섯이 나오는 것을 보면서 나의 에너지를 충전하고 있다. 서울의 새로 이사 온 아파트에서 만난 버섯중의 하나가 작년에는 종버섯(Conocybe lactea)이었다. 새로 지은 아파트여서 인지 아직 복토같은 것도 제대로 안돼서 땅이 들떠 있는 데 이 버섯이 풀밭사이로 여기저기 발생하는 것을 관찰하였다. 어김없이 민달팽이도 거기에 붙어서 포자의 산포 역할을 하는 것을 보고 생명의 끈질긴 모습을 볼 수 있었다. 나는 버섯을 보고 관찰하면서 언제나 새로운 생명의 위대함을 느끼고 나도 무언가 인간으로서 새 생명을 불러 오는 역할을 하여하 한다고 느끼곤 한다. 나에게 새 생명을 불러오는 것은 나로서는 전공이 버섯이니 버섯도감의 집필도 그런 생각으로 내가 나에게 용기를 주면서 도감 집필에 매진하려고 한다(2010.5).

제 4 부 버섯의 희망

버섯책

요즈음 경기가 불황이어서 회사는 물론 거의 모든 업체들이 어려움을 겪고 있는 것 같다.

그중에서 심한 곳 중의 하나가 출판계라는 말을 들으면서 씁쓸함을 금치 않을 수가 없다. 어려움이 닥치면 그것을 해결하기 위해서 책을 읽고 해결하여야 할텐데 하는 생각을 했는데 오히려 그것이 아니고 책을 보는 것이 낭비라는 관념을 가지고 있는 것 같다. 우선 불필요한 소비의 제일순위가 책을 안 사보는 것이다. 책은 보아도 그만 안보아도 그만이라는 생각이다. 그렇다고 모든 분야의 책이 불황을 겪는 것은 아닌 모양이다. 작년 말과 올해 초에 모 유명한 출판사에서 어린이용 버섯 책을 출간하겠다고 하는 것을 보았기 때문이다. 말을 들으니 책의 내용은 초등학교 취학전 용이거나 초등학교 학생을 대상으로 하는 내용이다. 쪽수도 많지 않고 내용도 간단한 것이다. 이것들은 다른 분야 다시 말하면 동·식물 등의 시리즈로 만든다는 것이다. 그러니까 적게는 20권부터 많게는 50권에 이르기까지 골고루 어린이용으로 만드는 것이다. 어째서 어린이용은 가능한가를 생각하여 보면 그만큼 우리나라 교육열을 그대로 반영한 것이라 생각된다. 들은 바로는 지금은 거의 대도시의 아파트촌에 젊은 부부나 맞벌이 부부들이 많이 살고 있는 것을 장사하는 분들의 훌륭한 판매 전략에서 나온 것이다. 가령 책을 어느 한층의 엄마에게 소개를 해서 사겠다고 하면 외판원들은 다른 층의 엄마에게 몇 층의 엄마는 이 책을 사서 어린이에게 읽도록 하였다고 하면 이 엄마도 마음이 상당히 동요를 한다는 것이다. 이렇게 되면 그 아파트의 상당수의 엄마들이 아이를 위해서 책을 산다는 것이다. 전집으로 발간된 책이므로 가격은 만만치 않다. 물론 책은 칼러를 해서 만들었고 전문가들이 디자인 하여 만들어서 보면 혹 할 정도로 잘 만든다.

조덕현의 재미있는 독버섯 이야기

성인용은 아무리 잘 만들고 디자인이 훌륭하여도 팔리지를 안하니 출판업에 종사하는 분들의 고통이 이만 저만이 아닐 것이다. 특히 칼러가 들어가는 생물학 계통의 책은 출판사도 엄두를 못내는 회사가 많은 것으로 안다. 출판비는 많이 들어가고 판매부수는 적고 가격은 상당히 비싸서 아주 필요한 사람이 아니면 책을 살 엄두를 낼 수가 없기 때문이다. 공공도서관이나 학교에서 사야 하는데 이들도 값비싼 책을 사는데 많이 꺼리는 것 같다. 왜냐하면 이런 비싼 책 한권이면 다른 책 3~4권은 거뜬히 살 수 있기 때문이다. 우리나라의 평가는 질보다는 양적인 면을 중요시하는 데서 기인한다고 보아야 한다. 매스콤이나 언론에서 보면 어느 도서관이 몇 백만권을 소장하고 있다고 소개하지 그 도서관이 다른 도서관이 소장하지 못하고 있는 아주 진귀한 도서를 소장하고 있다는 보도를 본적이 없다.

원가가 많이 드는 책을 출판하려면 인세도 터무니없이 적게 책정된다. 사실 이런 원고를 준비하는데 엄청난 노력과 경비가 들어갔지만 인세면에서는 너무 많은 불이익을 받게 되는 것이다. 악화가 양화를 구축한다는 그레샴의 법칙이 맞는 것을 알 수가 있다.

앞으로 우리나라를 짊어질 어린이용 책을 많이 만드는 것은 좋은 일이다. 그리고 더 많이 출간하여 어린이들의 꿈을 키우는 것은 분명 미래에 대한 투자라 생각된다. 또한 성인용도 만들어서 어른들의 지적 교양과 생각을 키울 수 있다면 불황의 어려움을 극복하는데 크게 도움이 되지않을까하는 것은 사치스러운 생각일까(2008.5).

제 4 부 버섯의 희망

세계버섯축제에서 만난 사람들

버섯축제를 하면서 참으로 많은 사람을 만났다. 내가 부탁하러 다니면서 아쉬운 이야기를 하여야 할 입장이어서 내 스스로를 낮추는 자세를 배우지 않으면 안 되었다. 부스 참여를 권하면 확실한 답을 안주어서 애를 많이 먹었다. 우리나라 사람처럼 예 · 아니오가 불분명한 민족도 없을 것이다. 이것은 우리민족이 오랜 전통에서 남을 앞에서 비판하는 정신이 없고 뒤에 돌아가서 비판하는 정신이 오랫동안 몸에 밴 탓일 것이다. 물론 면전에서 거부한다는 것이 상대방에 대한 예의가 아니라는 것을 알고 있기 때문일 것이다. 오리무중한 태도를 취하여 한번 갈 것을 2~3번 가게 만들게 된다. 우리의 정서상 아니오라는 말을 앞에서 하기가 어려운 것이라는 것을 알았다. 참여 할듯말듯하니까 아쉬운 나로서는 또 방문하게 되고 그러나 결국 아니오를 하면서 말이다. 물론 참여 업체들도 많은 생각을 하는 것은 당연하다. 수지 타산과 홍보를 생각하지 않을 수가 없기 때문일 것이다.

축제일에 버섯 동호회원이신 교장 선생님들이 직접 학생들을 데리고 와서 설명도 하고 학생들에게 버섯 박사님을 만나게 되니 얼마나 영광이냐는 말을 들을 때 그간의 피로가 사라지는 것을 느낄 수 있었다. 또 모 여고 생물선생님은 생물동아리 학생들을 데리고 현장 학습을 하면서 나를 학생들에게 소개하고 이야기 할 수 있는 기회는 나를 굉장히 흐뭇하게 하였다. 토요일 학생들을 데리고 오려고 공문 요청도 하고 설명도 부탁하고 하는 열성적인 선생님을 보면서 요즈음 사교육비가 어떠니 저떠니 하지만 이렇게 현장학습을 통하여 산

교육을 하시는 열성적인 선생님도 있다는 것은 아직 우리에게 교육은 희망이라는 느낌을 받았다. 내가 성당의 뿌레시둠에 참여하고 있어서 같은 단원들도 구경하러 오셨지만 제대로 안내도 할 수 없었든 것이 아쉬웠다.

창원에서 온 분은 아침 방송에 축제 소식을 듣고 부랴부랴 기차와 버스를 갈아타면서 왔다며 많은 이야기를 하였다. 그분은 어느 정도 버섯에 조예가 깊어 버섯 도감이나 책에 대하여 이야기 하였다. 도감도 국내 도감은 많은 종류와 자세한 설명을 한 것이 없는 현실에서 그분의 날카로운 비판은 곰곰이 생각하지 않을 수 없었다. 그분만이 아니고 구경오신 분들에게 미안 했든 것은 대학에서 하는 행사라 상당한 기대를 하고 왔는데 기대에 못 미치는 행사 내용이어서 죄송한 마음을 금할 수가 없었다.

어떤 사람은 아들과 함께 도감까지 가지고 와서 도감의 사진과 표본을 대조하면서 자녀와 열심히 관찰하는 것을 보고 그 열의에 고개를 숙이지 않을 수가 없었다. 사실 표본은 아무리 잘 만들어도 부서지고 색이 바래고 하여 원래의 모습과는 많은 차이가 있어서 대조를 한다는 것은 좀 무리가 있다. 그러나 실제 이렇게 관찰하면 버섯공부 요령을 터득하게 되므로 매우 값진 경험을 하게 되는 것이다.

산을 다니면서 채집해 가지고 온 버섯을 감정을 부탁하는 분도 있었다. 주로 목재부후균이 많았다. 다른 육질로 된 버섯은 썩고, 가지고 오는 동안에 훼손되기 때문이지만 그래도 버섯을 들고 와서 같이 이야기하면서 버섯공부를 할 수 있다는 그 성의에 다시한번 감탄하지 않을 수가 없었다. 버섯에 대한 인식은 그리 높지 않아서 주로 먹느냐, 독버섯이냐가 언제나 관심의 초점이었다.

버섯축제에 이왕 왔으니 무언가 하나를 살려고 하는 데 마땅한 것이 없어서 고민을 하다가 "조덕현의 재미있는 독버섯이야기" 책을 사가지고 사인을 부탁하는 사람도 있었다. 먹거리나 판매대에서는 시중에 나와 있는 것들이어서 별 흥미를 끌지 못하는 모양들이다.

축제에 나와 인연이 있는 사람들이 많이 오게 된 것은 어쩔 수 없는 우리 문화의 품앗이 문화의 한 단면이 일 것이다. 어쩌면 내가 없었다면 오지 않을 분들이 나 때문에 오기 싫어도 온 분들이 상당수 있다는 것을 나는 잘 알고 있다. 왜냐하면 나도 처음이라 구경하러 얼마나 올지 모르니 걱정이 되어서 부탁을 안 할 수가 없었기 때문이다. 사실 신문의 몇 줄 기사가 보도된 것으로는 홍보가 될 리 없다. TV의 공중파를 이용하는 것이 제일 효과적이지만 그럴만한 경제적 여유가 없는 것이 안타까울 뿐이었다. 지금 TV도 어린이를 겨냥한 홍보가 아니면 효과가 없다는 것을 전문가로부터 들으면서 우리의 홍보 전략이 거의 전무 하였다는 것을 느꼈다.

버섯 축제에 오신 분들에게 어떤 형태로든지 나도 보답해야하는 인간적 부담을 안게 된 것이다(2008.2).

세계 버섯 축제 티켓

제 4 부 버섯의 희망

축제 유감

지금 한국은 축제에 휩싸여 있다. 그것도 11월 말일을 전후로 크고 작은 축제가 방방곳곳에서 열리지 않나 생각된다. 그렇다고 그 축제가 각각 다른 테마를 가지고 하는 것도 아니고 비슷비슷한 것을 너도 나도 하고 있는 것을 보면서 많은 생각을 하게 되었다. 예를 들면 늦가을의 향취를 마음껏 발산하는 국화를 주제로 한 축제는 모든 고을에서 열리자 않나 생각 들었다. 그래서인지 어디를 가나 축제를 하고 있고 또 축제를 알리는 현수막 등 그야말로 축제의 홍수로 물결치고 있다. 어느 축제 이벤트 전문가는 작년에 8000개의 축제

버섯축제

가 열렸고 금년에는 좀 정리가 돼서 6000개가 열리고 있다니 짐작이 간다. 앞으로 5년 후에는 상당히 정리가 돼서 경쟁력있는 축제만이 살아남을 것이라고 하는 말을 들었다. 그 말을 액면 그대로 믿지는 않지만 축제는 조금 정리되어야 한다는 생각을 하게 된다.

축제에 가면 가장 먼저 눈에 띄는 것은 아마도 판매장과 먹거리 행사가 아닌가 생각된다. 그런데 여기에 참여하는 업체들이 농가에서부터 중소기업, 조그만 일반 음식점부터 대중 음식점에 이르기까지 다양하다. 그들이 사용하는 공간인 부스비를 지불하고 들어오는 것으로 나는 알았다. 그리고 행사를 알리는 안내장을 보면 부스비를 내는 것으로 선전하는 것도 보았다. 나중에서야 알았지만 그 부스비가 만만치 않게 돈이 들어간다는 것이다. 가령 3일간 하는 축제에 부스비를 내고 들어와서 장사를 할 경우 부스비, 부대비용, 인건비를 감안하면 이익을 낼 수 있는지 궁금하였다. 물론 관람객이 얼마냐에 따라서 다르지만 도저히 그만한 이익을 낼 수 없다고 이야기하는 것을 그들과 이야기하면서 알았다. 즉 부스비, 부대비용, 인건비를 감안하면 도저히 수지를 맞출 수가 없다는 것이다.

지방에서 하는 지방자치단체의 축제는 지자체(지방자치단체의)에서 부스비 무료에다 보조금까지 주면서 축제를 한다는 것을 알았다. 어느 실무자는 보조금을 주어도 농가들은 참여를 꺼린다는 것이다. 어쩌면 반 강제적으로 참여하도록 하는 것이 아닌가 하는 생각 들었다. 비교적 큰 규모의 농가와 중견업체를 찾아 갔을 때 사장은 솔직히 이야기 하는데 괴씸죄 때문에 울며 겨자 먹기로 참여한다고 하였다. 회사를 운영하려면 관을 상대해야하고 관에게 밉보이면 업무 처리에 어려움이 따르게 마련이라고 이야기 하면서 죄 중에서 제일 무서운 것이 괴씸죄란 이야기를 들려주는 것이었다. 이분의 말을 액면 그대로 믿을 수 는 없지만 상당히 설득력 있는 이론 같았다.

반대로 축제를 개최하는 기관도 어렵기는 마찬가지라는 생각을 하였다. 축제가 주민을 위해서 하는 행사인데 스스로의 참여도가 낮고 특히 경제적 어려움 때문에 힘들다는 것이다. 축제를 준비하는 어느 기관에 갔더니 초청장만 5000장을 보냈다고 한다. 아마 모르긴 몰라도 5000장이면 그 고을 가가호에 해당 될 것 같은 생각이 들었다. 그리고 따로 지역 주민들에게 홍보용으로 배포 할텐데 그 비용만 생각하여도 굉장한 것이 아닐까. 그리고 그들에게 갖은 편의를 제공하여 마치 상전 모시듯이 대우를 하여야 부스행사 등에 참여한다고 한다. 그러니 자연히 부스비는 고사하고 보조금을 주고 부스행사에 참여를 유도하게 하리라는 것이 짐작이 가고도 남는다.

이제 우리 모두가 축제의 진정한 의미를 되새겨 볼 때가 오지 않았나 생각이 든다(2007.12).

제 4 부 버섯의 희망

마이스터대학

이번 한 학기 동안 농업 마이스터대학 버섯전공반에서 강의를 하면서 여러 가지를 배우고 느끼는 재미있는 에피소드가 많았다. 수강생들이 버섯을 재배하거나 아니면 앞으로 버섯을 재배하려는 사람, 전혀 버섯과는 관계가 없지만 버섯산업에 관심있는 분들이 수강을 하고 있다. 따라서 이들이 수업에 임하는 태도가 상당한 차이가 있게 마련인 것이다.

우리속담에 밤새도록 울고도 누구 때문에 울었냐고 물으니 죽은 사람이 누군지도 모르고 운 경우가 있다는 속담이 있다. 이것은 그만큼 남이 하니까 나도 따라서 할뿐 그 자세한 내용을 모르고 있는 경우가 허다하기 때문이다.

사실 버섯을 재배하거나 재배하려는 사람들 모두가 버섯이 어떤 생물인지 생태계에서 어떤 기능을 하는지 잘 모르는 사람들이 있다는 것에 조금은 놀랐다. 버섯을 재배하여 시장에 내다 팔고 아니면 기업하여 대규모로 재배하면서도 버섯의 족보격인 버섯의 정체를 잘 모르는 사람들이 있다는 것이다. 하기야 버섯이 어떤 생물인가는 사람들에게 그리 중요치는 않다. 어떻게 재배하고 어떻게 마케팅을 하여 수익을 올리면 그뿐이다. 사실 이런 생각을 하고 버섯농사를 하여 왔기 때문이다. 그렇지만 현재는 사정이 많이 달라졌다. 재배하는 작목의 여러 정보가 필요하게 되었다. 가령 생리, 생태, 분류, 유전 생식을 알아야 새로운 재배기술과 새로운 품종의 개발을 할 수 있다는 것을 잘 모르고 있다. 그래서 어떤 수강생들은 그런 것은 몰라도 되니 오로지 재배하는 방법의 실습만을 원하는 수강생들이 많다는 사실에 깜짝 놀랐다. 그렇게 한다면 구태여 이렇게 농업 마스터대학이라는 간판 아래서 공부할 이유가 별로 없을 것으로 생각된다. 이런 것은 수강생들이 경제적 측면에서만 생각하기 때문일 것이다. 그러다 보면 재배 과정에서 잘못이 나타나면 꼼짝없이 실패하여 경제적 손실을 입게 마련이다. 왜 재배를 배우는데 생리, 생식, 생태 유전 등을 배워야하는 지를 이해하지 못하고 있는 것이다.

비단 버섯전공에서만 그런 것이 아니고 모든 마이스터대학 전반에 걸쳐 일어나고 있는 실정인 것은 옆반의 수강생들이 쉬는 시간에 이야기하는 것을 보면 짐작이 간다. 그래서 왜 이런 기초가 필요한지를 이해시키는 데 한참 설명을 하지만 이미 성인인 이들에게 이를 이해시키는 것은 쉬운 일이 아니다. 사실 마이스터대학 4년에 걸쳐 물론 일주일에 한번 나와서 9시간씩 수업하기 때문에 재배방법도 충분히 배우고 그에 부수되는 여러 가지를 충분히 배울 수가 있다. 실습을 위주로 수업의 교육과정이 짜여 있지만 그것도 한계가 있기 마련이다. 사실 대학에서 고급과정으로 이런 공부를 하는 것은 재배기술을 한층 더 업그레이드 시키고 나아가서 새로운 재배법의 개발을 하는 데 있는 것이다. 시간을 절약하고 단위 면적당 보다 많은 수확을 얻는 데 있고 한편 새로운 품종을 개발하여야 할 필요성이 있는 것이다. 사실 우리 농업인들의 지식 수준은 거의 대졸 이상의 실력을 가지고 있으므로 이들이 현장에서 필요로 하는 것은 새로운 재배법을 개발하고 새로운 고소득의 부가가치가 있는 품종을 개발하는 데 있는 것이다. 왜냐하면 이들은 자기가 재배하는 품종에 대해서는 이미 전문가 이상의 기술을 가지고 있는 것이다. 또 이들은 다른 품종에 대해서도 마음만 먹으면 훌륭한 재배를 할 수 있는 능력이

마이스터수업

있기 때문이다.

그러나 친환경 농법으로 할 수 있는 한 차원 업그레이드 된 기술을 개발하기 위해서는 자기가 재배하는 품목의 기초부터 분자 레벨에 이르기 까지 모든 것을 알아야만 재배법과 품종의 개발이 가능하다. 바쁜 시간을 쪼개서 학업에 임하는 특히 연령의 차이를 극복하여 수업받는 수강생들을 보면서 한국의 버섯 농업은 미래가 밝다는 것을 느끼게 된다(2010.1).

제 4 부 버섯의 희망

장흥으로의 즐거운 강의 여행

이 세상에서 보람된 일이 무엇인가를 공자는 제자를 가르치는 일을 첫째로 삼았다. 물론 옛날의 교육은 한정된 곳에서 한정된 사람만이 교육을 받았다. 그것은 오늘날로 말하면 마이스타적인 교육이다. 그래서 누구의 학파를 이었느니 하여 스승이 잘못되면 그 문하에서 교육을 받은 제자까지도 화를 당하는 일이 비일비재하였다. 이것은 한편 생각하면 그 당시의 교육은 학문적인 지식을 넘어선 스승의 처음부터 끝까지를 배운 것이었다는 것을 의미한다. 지식보다는 오히려 스승의 고매한 정신 세계를 배우는 것이 아니었나 생각한다. 오늘날은 흔히들 지식을 사고파는 형태로 변질되었다고 하여도 과언이 아닌 것 같다. 우선 비싼 등록금을 내야하고 비싼 돈을 주어야 유능한 강사 밑에서 과외를 받는 것을 보면 알 수 있다. 과연 이런 상황에서 교육을 받은 학생들이 자기가 출세를 하면 과연 얼마나 자기를 가르쳐 준 스승을 생각할 가를 생각하면 알 수가 있다. 그래서 인지 대학에서는 학부생들에게는 교수들은 별 관심을 보이지 않는 것 같다. 다만 대학원에서는 사정이 달라진다. 우선 전공을 교수와 같은 분야의 연구를 하게 됨으로서 지도 교수의 학풍

여행 출발전

에 상당히 영향을 받게 마련이다. 그래서 대학원에서는 교수도 자기 지도를 받는 학생에 대한 애정을 가지게 되고 나아가서 취직 걱정도 하게 된다. 옛날의 학풍과는 많은 차이가 있다. 옛날의 제자는 스승의 학풍을 받는 것으로 만족하고 생활 걱정은 아무 상관이 없었든 것이다. 오늘날은 유능한 교수는 자기 제자를 얼마나 많이 취직을 시키느냐가 교수의 유능을 가름하는 잣대가 되었다. 그래서인지 학문보다는 교수를 보고 자기의 전공도 정하고 자기의 연구 영역을 바꾸는 것을 흔히 볼 수가 있다. 물론 대학이 전인교육을 목표로 하기 때문에 확실한 전공분야가 없기도 하지만.

나는 이번에 나의 제자가 장흥 버섯연구소에 취직이 되어 연구생활을 하는 것이 대견스러웠고, 또 버섯안내 해설사 교육에 나를 강사로 불러주어 강의를 하였다. 사실은 내가 제자에게 강의도 하도록 하고 여러 가지 편의를 봐 주어야하는 데 거꾸로 제자의 덕분으로 강의를 한 것이 언제나 자랑스럽고 가슴이 뿌듯하다. 그래서 나도 장흥으로 강의하러 가는 도중에 비가 억수로 쏟아져서 무척 힘들었다. 그때가 집중호우가 쏟아지는 시기었기 때문인데다 길을 잘못 들어서 되돌아서 가는 수고도 있었지만 사실 즐거운 일었다. 아마도 다른 강의라면 짜증도 내고 불평도 하였겠지만 이것도 공자가 말하는 삼락의 하나로 받아들이니 즐거운 강의 여행이 되었다.

연구소일도 바쁜 와중에서 버섯해설사라는 사업을 할 것을 생각만하여도 흐뭇하다. 장흥은 다 아시다 시피 우리나라에서는 제일 유명한 표고 산업단지라고 할까, 하여튼 표고버섯 농가가 제일 많은 곳이다. 재배업자들의 말로는 장흥이 해풍을 받아서 다른 지역보다 버섯의 맛이 좋다고 한다. 그래서 인지 표고 연구소가 있고, 버섯연구가 어느 지역보다 활발히 진행되는 곳이다. 그래서 일치감치 버섯연구소를 만들고 미래의 장흥의 동력산업으로 육성하려는 의지가 돋보였다. 강의를 듣는 피교육생들도 전부 표고재배에 종사하는 사람들로 듣는 태도가 아주 성실하였다. 지금 농사일에 바쁜 시기에 열일 다 제쳐 놓고 교육을 받는 것이 쉬운 일은 아닌 것이다. 표고 재배 뿐 아니라 버섯에 관한 일반적 지식과 전문지식을 조금이라도 배워서 표고재배를 과학적 영농을 하려는 이 분들의 열정에 고개가 숙여졌다. 강의를 끝내고 연구소의 일부인 버섯 표본실을 둘러 보았는데 아주 훌륭히 만들어서 앞으로 버섯표본도 수집하여 명실공히 우리나라 제일의 연구센터로 만들려는 야심찬 계획을 엿볼 수가 있었다. 지금은 조직도 엉성하지만 젊고 유능한 연구원들이 밤낮없이 연구에 몰두한다고 한다.

제자의 초청으로 강의를 하는 나도 공자가 말하는 이 세상에서 제일 큰 행복을 누리는 사람이라 생각하니 모든 것이 즐겁기만 하다(2009.8).

제 4 부 버섯의 희망

일거리 창출

대통령으로부터 "2012년 새해가 밝아옵니다" 라는 카드를 받았다. 카드의 내용은 우리국민들의 생활이 어렵고, 더욱이 청년들의 일자리 걱정을 하며 평창동계 올림픽 유치와 무역 1조 달러 달성을 성과로 꼽고 있는 내용이다. 카드의 문장이 보통의 카드처럼 간단한 것이 아니고 정부의 고민중 청년일거리 창출이 미흡한 점을 꼽고 있다. 한편 지난해의 정부의 업적과 2012년의 희망을 함께 담고 있는 카드로는 꽤 나 긴 내용이어서 소개를 한다. 사실 나는 이렇게 장문의 카드를 받아 본적이 없기 때문이다. 청년들의 일자리는 정부만의 책임인지 아니면 청년 본인들도 곰곰이 생각할 문제라 생각이 된다. 내가 어느 표고농장을 가본 적이 있다. 중견 재배농장이지만 사람을 구할 수 없어서 농장주 부부가 일을 하고 있었다. 우리의 버섯산업이 대부분 아직 영세한 탓이어서 부부가 함께 경영하는 것을 볼 수가 있다. 다행인지 이 농장은 중국 연변에서 온 조선족 부부를 일꾼으로 쓰고 있었다. 부부를 고용하니 이들이 안정적으로 일을 하고 있어서 다행이라고 귀띔한다. 표고재배 농장주가 사람을 구할 수 없어서 조선족을 데려온 것이라 생각되었다. 종균을 접종할 시기는 일손이 모자라지만 조선족 부부가 수도권에서 일꾼을 데려온다는 것이다. 수도권 어느 곳에 조선족들이 모여 살며 집단 거주를 하는 곳이 있어서 많은 고용 정보를 얻을 수 있다고 한다. 그 곳에 가면 조선족 사람들을 데리고 오는데 수월하여 일손 부족을 해결 한다고 한다. 사실 그 분들은 이곳 재배농장에서의 일이 아주 즐거워하고 있었다. 주거시설은 컨테이너 박스에서 생활하지만 아무 불만을 가지고 있지 않는 것 같았다. 급료도 만족하여 열심히 일하여 돈이 모이면 고향인 연변으로 돌아갈 희망을 안고 있었다. 물론 급료는 한국 사람을 쓰는 것보다 훨씬 저렴하다. 농장주의 말은 한국 사람은 돈을 적정선으로 준다고 해도 사람을 구할 수 없다는 것이다. 이런 일자리를 요즈음 젊은이들은 마다한다. 놀면 놀았지 이런 곳에서 힘든 일을 하고 싶어하지 않

2012년 새해가 밝아옵니다.

올해를 되돌아보면 중산층의 삶도 쉽지 않았고,
서민 생활은 더더욱 힘들었습니다.
원하는 일자리를 구하지 못한 채
새해를 맞이하는 청년들을 생각하면 너무 안타깝습니다.
이런 모든 일을 생각하면 잠이 오지 않고,
당장 해결할 수 있는 일도 아니어서 더욱 가슴 아픕니다.

하지만 이런 어려움 속에서도
우리는 평창 동계올림픽을 유치해 냈고,
무역 1조 달러를 달성하는 역사적 성과도 거두었습니다.
또한 세계에서 경제영토가 가장 넓은 나라가 됐습니다.

새해에도 저와 정부는
어떻게 하든 일자리 하나라도 더 만들고,
서민 생활에 보탬이 되도록 혼신의 힘을 기울이겠습니다.

모두가 새로운 희망을 갖고 맞는 새해가 되기를 소망합니다.
새해 복 많이 받으십시오.

대통령 내외 이명박 김윤옥

이명박대통령의 카드

는다. 물론 이런 곳에서의 일이라는 것이 작업복을 입고 조금은 힘든 일이기 때문에 기피한다는 것을 너무나 잘 알고 있다. 차라리 노는 한이 있어도 의식주 걱정은 부모님이 해결하여 주기 때문이 아닌가 생각된다. 가끔 부모님으로부터 용돈을 타기가 부끄럽다고 생각하여 고민하는 젊은이들도 있지만 대부분은 취업은 자기 탓이 아니고 국가의 책임이라 생각하는 데 있는 것 같다. 매스콤에서 보도하는 대로 중소기업은 인력난에 어려움이 있어서 외국인 노동자를 고용하고 있는 실정이다. 때로는 그것도 불법 체류자를 많이 쓰고 있다는 보도를 보면서 고용구조가 잘못되고 있다는 안타까운 생각을 하게 된다.

버섯산업을 통한 일거리 창출이 많아야하는 데 현실은 어려운 실정이다. 실제 버섯재배농장은 대부분 도시에서 먼 시골에 자리 잡고 있어서 젊은 이들이 더더욱 기피하게 되는 것 같다. 작년에 강원도 모지역의 곤충박물관을 가 본적이 있다. 학예연구사인지 아니면 사무원인지 모르지만 이야기 중에 가장 이들이 고달파하는 것은 근무 여건보다도 근무시간이 끝난 다음에 시간을 보낼 데가 없다는 것이다. 근무 조건도 박봉에 시설도 좋지 않으니 여차 하면 떠날 생각을 하고 있게 마련이다. 그렇다보니 근무의욕도 떨어지고 프로적인 생각으로 일을 기대하기가 어려운 것이다. 대부분의 버섯산업도 이런 범주에 들기 때문에 일거리 창출이 되어도 효과를 거둘 수가 없을 것으로 생각된다. 그렇다고 한두 사람을 위해서 문화시설을 갖추어 놓으면 아이보다 배꼽이 더 큰 현상이 되기 때문에 경영이 어려워지게 마련이다.

마지막으로 대통령의 카드는 "저와 정부는 어떻게 하든 일자리 하나라도 더 만들고, 서민생활에 보탬이 되도록 혼신의 힘을 기울이 겠다고" 끝을 맺고 있다. 마지막 글을 읽으면서 이상과 현실의 괴리를 어떻게 해결하느냐가 일거리 창출에 도움이 되지 않을까를 한번쯤 곰곰이 생각하게 된다(2012.2).

제 4 부 버섯의 희망

과거로의 여행

경희대학교 객원교수로 발령이 나서 상견례를 하러 경희대 자연사박물관을 찾았다. 사실 생물학과 50주년때 개관식을 하였는 데 그때 잠간 본적이 있다. 그때는 아직 모든 것이 불충분하여 어설프기 짝이 없었다. 이번에 박물관을 보니 개관 때와는 전연 다르게 전시가 되고 규모도 굉장히 컸다. 그리고 전시방식도 정말 자연사 박물관다운 모습을 하고 있어서 기분이 좋았다. 김박사(학예연구실장)가 아래층부터 윗층으로 올라가면서 차례로 설명을 하여 주었다. 마지막 층에 버섯 사진과 표본이 전시되어 있었다. 다른 전시물에 비하여 너무 초라하고 보잘 것 이 없었다. 이 사진들과 표본은 처음 박물관을 만들때 이지열박사와 공동으로 내가 기증한 버섯사진과 표본이었다. 사진은 확실한데 표본은 내가 기증 한 것인지는 확실치 않다. 정확히 기억이 나지 않지만 1977년 아니면 1978년으로 기억된다. 그때 이지열박사께서 경희대가 박물관을 만든다고 사진과 버섯을 기증하자고 하여 기증하였든 생각이 난다. 얼마나 기증하였는 지는 정확한 숫자는 생각이 안난다. 사진은 광대버섯류, 눈물버섯류, 꽃구름버섯류등이 생각이 나는 데 그 사진들이 전시되어 있다. 사진을 보니 새삼스럽게 나를 타임머신을 타고 과거로 돌아가는 느낌이다. 김박사 (학예연구실장)에게 내가 찍은 것이라고 하니 깜작 놀라는 기색이다. 오래된 사진이지만 그래도 당당히 한쪽 면을 찾이하고 있는 것을 보니 좀더 그럴듯하게 꾸미면 좋겠다는 생각이 들었고 도와 주어야 되겠다는 생각이 든다. 이런 마음 때문에 사람들은 기부도하고 기증도 하는지 모른다. 물론 그들도 나를 객원교수로 발령낸 것은 버섯분야의 전시를 도와달라는 뜻일 것이다. 물론 박물관이 모든 것을 완벽하게 갖추워서 전시하기는 어렵다. 그래서 학예연구사이 불철주야 자료 확보에 노력하는 것이다. 또 버섯같은 분야의 학예연구사는 없을 뿐더러 버섯를 연구하는 사람도 없는 현실에서는 더더욱 어렵다. 그래서 학예연구사 들이 자연계의 모든 분야를 담당하여 수집한다는 것은 불가능하다. 자기의 전공분야만 하기도 힘들며 또 정확한 설명 고증이 뒤따라야 하기 때문이다. 경제력의 뒷받침이 어려운 현실에서 학예연구사 한 명이 여러 분야를 담당한다는 것은 불실 할 수밖에 없지만 현실은 여러분야 아니 자연계의 모든 것을 수집하여 전시 하여야하는 현실이다. 그나마 대학이니 많은 사람의 도움을 받아서 유지할 수 있지만 개인이 한다는 것은 엄두도 낼 수 없는 사업이다. 그래서 여러분야의 다양한 것들을 기증 받아야 하는데 우리는 기부 문화가 아직 정착이 안되어 다양한 수집품을 모으는데 한계가 있다. 또 돈을 주고 전시품을 산다는 것도 그리 쉬운 일이 아니다. 박물관이 전시품을 모으고 전시만 하는 것이 아니고 교육의 기능을 하여야하기 때문에 여간 바쁜 곳이 아니다. 요즈음은 유치원, 초등, 중등, 고등, 일반인들에게 체험적 학습을 도와주고 있어서 사회적 교육의 일부를 담당하고 있다. 사람들은 보통 박물관하면 유물을 모아서 조명등 아래에 멋지게 전시하고 그 옆에 설명서를 붙여놓고 사람들에게 보여주는 것으로 생각하지만 실제로 박물관은 우리에게 여러 가지 새로운 지식을 제공하고 있는 것이다. 온고지신(溫故知新) 이라는 말처럼 옛것을 배워 새로운 것을 안다는 것을 알려주는 것이다. 나도 박물관을 관람

갈색꽃 구름버섯

할 때는 내가 버섯박물관을 할 때는 어떻게 하면 좋을 가를 생각하곤 한다. 1996년에 6차 아시아 균학회(AIMC 96)가 일본의 치바(Chiba)대학에서 열렸는 데 그 때 나는 치바시의 자연사 박물관을 구경한 적이 있다. 거기서 버섯의 균근성 버섯을 땅위는 버섯이 나있지만 밑은 유리로 만들어서 버섯의 균사와 식물의 뿌리가 어떻게 얽혀서 공생생활을 하는 모형이었다. 말로만 듣고 이야기하든 균근성 버섯을 이해하는 데 정말로 생동감이 나서 지금도 잊지 않고 있다. 이런 기능을 하는 것이 살아 있는 박물관이 하는 일이구나 하는 감동을 받은 적이 있다(2012.8).

제 4 부 버섯의 희망

새 봄을 기다리는 마음

이제 만물이 소생하는 계절이 돌아 왔다. 엄동설한을 견디어 낸 생물들이 새봄을 맞이하게 된다. 물론 그중에는 버섯들도 땅속이나 나무속에서 죽지 않고 살아남은 것들은 종족을 보존하기 위한 생물의 본능을 나타낼 것이다. 혹독한 추위와 싸우면서 겨우 생명만 유지시켜 온 것들은 이제 종족을 번식시키기에 풍부한 영양을 만들어야한다. 땅속에 얼어 있든 영양분들이 녹은 것을 섭취할 것이고 나무속에 있든 것들은 나무가 가지고 있는 셀루로즈를 섭취하여 자기 영양을 확보하여 포자를 만들기 위한 버섯의 자실체를 만들 준비를 부지런히 할 것이다. 먼저 약간의 저온에서 생활이 가능한 것들은 균사를 끊임없이 나무속이나 나무속의 영양이 될 만 한곳으로 뻗어 갈 것이다. 그러면서 균사덩어리를 만들고 기회가 되면 다시말하면 세상밖으로 나오기에 알맞은 온도가 되면 자실체를 만들 것이다. 그리고 그자실체의 주름살이나 관공에 수백억개의 포자를 만들어서 바람이나 곤충, 물 등을 이용하여 산포시킬 것이다.

저온에서 발생하는 버섯들은 유리한 점과 불리한 점을 동시에 가지고 있을 것이지만 그래도 저온에서 발생할 때에 다른 버섯들과 경쟁도 덜하고 유리한 조건을 갖추게 될 것이다.

한대성 버섯들이 남하를 하는 것은 아직 추운 기온일 때 다른 버섯들은 생존에 급급할 때에 이 버섯들은 그런 정도의 기온에서 활발히 물질대사를 할 수 있어서 생존에 유리하기 때문에 남하를 하는 것일 것이다. 반대로 열대성

버섯들은 자꾸 북으로 북상하는 것은 북상하게 되면 기온이 높은 곳에서 생존에 어려움을 겪게 되는 한대성버섯보다 훨씬 물질대사를 잘 할 수 있으므로 생존에 유리하기 때문에 열대성버섯들은 북으로 올라가게 마련이다.

백두산을 가보면 열대성버섯인 그물버섯류 중 비단그물버섯류외에는 다른 속의 버섯들은 매우 드문 것을 알 수 있는데 비단그물버섯류는 저온에 적응하는 속도가 빨라서 백두산 시베리아로 북상한 것이 아닌가 생각된다. 반대로 한대성버섯인 송이버섯은 끊임없는 남하를 계속하고 있는 것 같다. 역시 송이버섯들도 조금만 기온이 내려가서 열대성버섯의 성장이 주춤 할 때를 노려서 조금이라도 온도가 내려가면 자기의 종족을 퍼트리려는 전략인 것이다. 그래서인지 송이버섯은 남쪽지방으로 자꾸 자기의 발생 지역을 확장하고 있다.

봄비가 촉촉이 내리면 변형균류가 발생을 하게 될 것이다. 보통 우리나라에서는 점균류라고 부른다. 자실체가 끈적물질이 있어서 끈적거리기 때문이고 변형균류라 부르는 것은 생활사중에 모양과 색깔이 변하고 이동하기 때문이다. 이것들은 세균 등을 먹이로하여 생활하는 균류이다. 특징은 버섯은 세포벽을 가지고 있지만 변형균들은 세포벽이 없어서 모양이 변한다. 불행히도 한국에서는 이 분야의 연구가 거의 이루어지지 않고 있는 것이 안타깝다. 우리의 연구는 기초부터 이루어져야하는데 기초학문이 더디고 있다. 흔히들 인문학분야가 고사 상태라 아우성치지만 같은 분야의 영역에서도 응용과 기초에 따라 또다시 연구가 차이가 나는 것이다. 버섯은 그래도 인간들이 식품으로 응용이 되고 있지만 변형균류는 아직 응용의

송이버섯

분야가 거의 없는 상태라 연구대상에서 거의 제외대고 있는 것 같은 느낌이 든다.

이제 눈물버섯류인 다람쥐눈물버섯 같은 버섯이 낙엽이 쌓인 곳이나 고목의 언저리에서 발생할 것이다. 역시 보온이 잘되는 나무나 고목 등은 버섯이 절대로 필요로하는 온도와 습기를 어느 정도 공급하기에 좋기 때문이다. 이처럼 버섯들은 최대한으로 자연의 서식지에서 자기에 유리한 환경을 이용하면서 생존경쟁을 하게 된다(2010.3).

제 5 부 새 출발

종합학술조사

한국자연환경보전협회는 매년 1번씩 한국의 생물다양성 조사를 하고 있다. 작년에도 충남 보령의 오서산에서 실시하였다. 실제 나는 오서산에 대하여 별로 아는 것이 없다. 그런데 고속터미날 광고 게시판에 오서산이 갈대숲으로 유명하다고 하는 것을 보고는 아하 바로 우리가 이곳의 학술조사를 하였구나 하는 생각이 들었다. 내가 종합학술조사에 참여하기 시작한 것은 1988년의 월출산 국립공원 조사 때부터 참여 하였다. 박사학위를 받고 무언가 새로운 돌파구를 찾아야만 하는 때였다. 사실 학위는 버섯의 생리로 받았지만 우리학교 여건이 생리학을 계속하기에는 한계가 있었다. 대학이 설립된지 얼마 안되어 실험실은 엉성하고 더욱이 대학원 과정도 설치되어 있지 않은 상태여서 참으로 난감하였다. 그래서 고려대학교 김창환박사께 학술조사에 참여 할 수 있는 방법을 문의 하였다. 마침 그때 버섯 담장자가 없을 때였다. 그래서 협회 이은복 박사와 연결되어 버섯분야을 23년간 담당하여 왔다. 이것이 인연이 되어 버섯분류에 매진할 수가 있었다. 여기서 활동하면서 수많은 미기록 종을 발표할 수가 있었다. 이때는 협회본부가 홍능에 있었기 때문에 서울에서 전체가 모여 버스로 출발하는 사람 아니면 집결지로 직접오는 분도 계셨다. 하여튼 같이 모여서 학술전문위원의 살명에 따라 채집을 하곤하였다. 그당시는 주로 국립공원을 위주로 조사하였다. 월출산, 가야산, 속리산, 지리산, 오대산, 소백산, 다도해해상국립공원, 변산반도국립공원 등의 여러곳을 조사한 것은 내가 버섯의 분류를 할 수 있도록 한 좋은 생태 지역이었다.

나의 버섯 분류, 생태를 본격적으로 할 수 있는 발판이 이곳에서 형성되었다. 나는 항상 우리 협회를 가장 사랑하는 사람 중의 하나라고 자부심과 자랑을 가지고 있다. 이미 말하였지만 말이 23년이지 그리 간단한 세월은 아니다. 강산이 두 번이나 변하는 긴 세월이라 말할 수 있다. 그 당시 내가 참여 할 때의 원로 학자님들이 지금은 거의 세대교체가 된 상태다. 우선 그 당시의 내노라 하든 박사님들이 상당수 타계하였거나 아니면 일선에서 물러나 있는 형평이다. 처음에 학술조사 땐 균류(버섯)분야는 상당히 푸대접을 받았다. 후일에 들은 이야기긴데 균류(버섯)같은 것은 조사할 필요가 없다는 생각들을 하고 있었든 것 같다. 그래도 학술전문위원이 강력히 추천한 것으로 알고 있다. 그러니까 조교를 붙여줄 여유가 없었든 것으로 들었다. 균류조사팀은 상당 기간 동안 나 혼자서 조사를 하지 않으면 안 되었다. 어려움이란 말할 수 없을 정도다. 그렇지만 나는 그것도 나에게는 큰 행운이라 생각하고 열심히 조사에 참여 하였다. 그 덕분에 나라는 사람이 버섯을 전공하는 사람으로 일반인에게 알려지게 된 계기라 할 수가 있다. 나는 어떤 일에 매달리면 거의 끝장을 보아야 손을 놓는 타입이라 학술조사에서도 어느 누구보다도 열심히 하였다.

2011 경북 문경 주흘산일대 생태계 종합학술조사 2011. 8. 19~22.

그래서 조사보고서도 정성을 다하여 썼고 한국산 미기록 종을 수 백종 발표할 수 있는 기회가 된 것이다. 그런데 요즈음은 학술조사의 범위도 많이 바뀌고 조사 대상 분야도 많이 달라졌다. 그 당시에는 국립공원을 중심으로 조사하였지만 이제는 국립공원관리공단에서 자체 조사함으로서 우리 협회는 다른 지역을 조사하게 되는 실정에 이르렀다. 그리고 언론에서도 관심이 많아서 동행 취재도 하였는데 이제는 사정이 많아 달라졌다. 환경보전이 중요하다고는 것을 알면서도 묵묵히 일하는 우리 협회 같은 사업에 관심이 멀어지고 있는 것은 안타까운 현실이다. 지금도 10여개 분야별로 한국의 생물자원조사를 실시하면서 한국의 생물자원을 밝히는 데 주력하고 있다(2011.3).

제 5 부 새 출발

숲 해설가

현대는 자격증시대라고들 말한다. 자격증이 없으면 취직이 어렵다고들 말한다. 그래서 대학생들도 전공을 불문하고 취업에 필요한 자격증을 따려고 따로 학원에 다니거나 아니면 혼자서 자격증 공부를 하고 있는 것을 볼수가 있다. 그래서 대학생들도 초중고등 학생들처럼 자격증을 따려고 1~2곳에 학원수강을 하는 것을 보면서 어떤 때는 씁쓸함을 금치 못한다. 자격증의 종류가 몇 개인지는 잘모르지만 아마도 수백개에 달하는 것으로 안다. 그런데 그 자격증에도 등급이랄까가 있는 것이다. 우선 자격증을 주는 기관에 따라 국제자격증, 국가자격증, 민간 자격증으로 분류하는 것 같다. 국제자격증은 국제적 단체나 국가간 협약에 의해서 그들이 요구하는 사항을 충족하면 자격증을 주는 것 같다. 그리고 국가 자격증은 국가가 시행하는 시험과 실습을 통과한 사람에가 주는 자격증으로 국가 인정한 자격증이다. 문제는 민간 자격증인데 이것들은 주로 협회가 주관이 되어서 그들이 정한 절차에 따라 주는 것으로 알고 있다. 그런데 협회는 아무 법적 구속력이 없기 때문에 신뢰성이 떨어진다는 것이다. 그래서인지 자격증에 대한 신뢰도, 자격증에 대한 태도도 다른 것은 더 말할 필요가 없는 것 같다. 또 취업 채용 회사나 공공 단체에서는 민간협회 자격증을 아예 인정하지 않는 곳이 대부분이다. 이렇다 보니 자격증에 대한 시비도 계속 일어 나고 있는 것 같다. 이런 것은 국가가 정리를 해서 선의의 피해자가 없게 해주어야 하는 데 국가도 어떻게 손을 못쓰고 있는 현실이다. 사람이 물에 빠지면 지푸라기라도 잡는 다는 우리 속담이 있다.

취업을 갈망하는 사람들에게 이런 자격증을 받으면 취업이 보장 된다는 허위 광고에 심지어는 100%보장 한다는 유혹은 취업을 하지 못한 사람들에게는 희소식이 아닐 수 없다. 그래서 사람들은 돈과 시간을 투자하여 단기간에 자격증을 받아서 취업하려고 하는 것은 당연한 것이다. 그런데 이런것들이 선전하는 대로 잘되면 좋은데 그렇지 못한 경우가 훨씬 많은 것같다. 왜냐하면 심심찮게 매스콤에 이런 자격증 문제로 오르 내리면서 자격증에 대하여 잘 모르는 사람들한테서 돈을 받고 자격증을 남발하여 피해를 보는 사람들이 많다는 것이다. 그런데 이런 자격증을 주는 기관에서 수강생들을 교육하는 강사들이 얼마나 검증된 강사들인지 많은 의구심을 갖게하는 것이다. 정말 그런 교육을 할수 있는 일정 부분의 교육을 이수한 사람들인지가 의심스러울 때가 한두번이 아니고 누가 이들의 자질을 검증하였는 지도 잘 모르는 현실이다.

숲 해설 강의

필자는 몇 년전부터 몇군데의 숲해설가 협회에서 버섯에 대하여 강의하고 있다. 여기서 발급되는 것은 산림청 인증제로서 산림청에서 인증하고 보증하여 주는 자격증이다. 그런데 이 숲해설가를 교육하기위해서 준비를 거의 1년이상 교육프로그램을 만들고 강의할 강사들의 자질을 산림청으로부터 검증받아서 한 것으로 알고 있다. 그만큼 국가나, 사회로부터 누구나 인정할수 있는 절차를 밟아서 교육하기 때문에 실제 교육을 받고 숲해설가로 활동할수 있는 자질을 갖추고 해설사로 나설수 있는 것이다.

다시말하면 국가가 의사, 교사처럼 국가가 이들을 숲해설을 할수 있다는 자격을 국가가 인증하여 주기 때문에 신뢰성이 있다는 것이다. 그러므로 숲해설 교육을 받고 자격증을 받으면 취업이 되는 것으로 알고 있는 수강생도 생기게 되고 또 직장을 그만 두거나 정년후에 다시 일거리를 잡을 수 있지 않을가 해서 교육 받는 수강생들도 있다고 한다.

숲해설가 교육중에서 버섯를 강의 하면서 3시간에 걸쳐서 버섯을 전부 강의 하기는 무리가 있다. 강의 내용은 버섯의 전반적인 것을 강의 하면서 느끼는 것은 수강생들이 열의는 있지만 버섯이란 생물을 잘 모르고 있다는 것이다. 물론 숲해설가교육을 받는 수강생들이 이런 버섯(균류)란 교육을 정식으로 받은 사람들이 거의 없다는 것이다. 또 버섯을 이론적으로만 교육하기 때문에 숲에서 만나는 버섯에대해서 거의 모르고 있다는 것이다. 야외에서 실제 실습관찰을 하여야 하는 데 그렇지 않기 때문에 교육시 시간에 질문이 많아지게 마련이다. 생태계에서 가장 중요한 분해자(환원자)의 기능을 하며 식물과 밀접한 관련을 가지고 있는 버섯을 잘 이해하여야 생산자 소비자를 이해 할수 있는 것이다.

사실 버섯이 대학의 정규 컬럼으로 채택된지가 얼마 안 되었기 때문이다. 버섯(균류)에 대한 것은 대학의 생물학, 미생물, 식물병리학등의 시간에 주마간산 격으로 1~2시간 다루어서 대충 배웠기 때문일것이다. 한국에서 균학을 전공의 한분야로서 강의 한사람은 잘은 모르지만 필자가 처음인 것으로 생각한다. 아마도 20여년 전부터 미생물학에서 분리하여 균학, 버섯학으로 정식 교과과정을 만들어서 본격적으로 대학에서 강의를 하기 시작하였다. 물론 내 전공이므로 이것을 따로 분리하여 전문적으로 가르칠수 있다는 것은 대학 교수들이면 누구나 가지는 꿈인 것이다. 더욱이 아직 여건이 미숙한 곳에서 새로 독립 과목을 설치 한다는 것은 주위의 질시와 눈치를 안 볼수 없는 현실 인 것이다. 정년을 하고도 버섯이란 학문을 가르칠 수 있는 곳에서 강의를 할 수 있다는 것이 얼마나 행운인지 모른다(2011.5).

제 5 부 새 출발

포 럼(Forum)

9월 초에 나는 제주에서 보호지역 포럼 국제심포지엄에 초청을 받고 대한 항공에 마일리지 사용을 알아 보았다. 마일리지 사용은 대한 항공 지점에서 취급한다고 하여 가까운 삼성코엑스로 갔다. 나는 수수료가 없는 줄 알았는데 수수료가 항공료의 상당부분을 차지했다. 그래도 내가 마일리지가 많아서 10,000마일로 해결이 되었다. +지금 8월 중순이 조금 늦은 시일인데도 성수기어서 오전 비행기는 예약 할 수가 없었다. 다행히 오후 3시 40분이 자리가 있어서 예약을 할 수가 있었다. 이즈음 곤파스라는 태풍이 우리나라로 향해서 올라오고 있는데 우리나라에 직접적인 피해가 예상된다고 예보하고 있어서 사실 마음은 약간 불안하였다.

자연환경포럼

출발 당일 나는 11시쯤 김포 국제공항으로 아내와 함께 9호선 전철을 타고 출발하였다. 김포공항은 혼잡하였다. 보딩티켓(Boarding ticket)으로 바꾸려고 데스크에 가서 알아 본 즉 1시50분 비행기의 여분 좌석이 있어서 1시50분 비행기 표를 끊었다. 지금 태풍 때문에 3시 이후 비행기의 이륙이 허가가 안

나고 있다고 한다. 사실 큰일 날 뻔한 것이다. 3시 이후는 곤파스 태풍의 영향으로 비행기의 이착륙이 제주 공항에 불가능 할 것 같다고 한다. 천만 다행이다 싶었지만 그래도 태풍에 대한 불안이 다 가시는 것은 아니었다. 안사람과 함께 오래간 만에 우동을 먹는 즐거움이 있었다. 오래전부터 우동을 먹고 싶었는데 그것이 뜻대로 되지 않았기 때문이다. 이제 안사람은 집으로 돌아가고 비행기를 탔는데 생각한 것보다 대형의 비행기어서 안심이 되었다. 비행기는 정시보다 늦게 이륙하였지만 순조롭게 순항하였다. 제주공항에 가까워지면서 비행기의 흔들림이 심하였다. 제주공항 착륙의 방송이 아나운서멘트가 있었다. TV화면도 제주공항을 향해서 착륙하고 있었는데 갑자기 다시 싱승 하는 것이 아닌가 나는 가슴이 철렁하였다. 그 순간 비행기 안은 쥐죽은 듯 고요가 흐르고 아무것도 모르는 어린 아이들의 떠드는 소리만이 정적을 깨뜨리고 있다. 기내 방송에서 제주 공항의 일기불순으로 착륙 못하고 공항을 선회 후 착륙을 시도 하겠다고 한다. 그렇게 하여 30분 뒤쯤 겨우 제주 공항에 착륙하여서 나도 모르는 사이에 한숨이 휴하고 나왔다. 그래도 큰 비행기어서 안심이 되었지만 사고는 언제나 일어나는 것이다.

몇 년 전에 캐나다 밴쿠버에서 국제학술회의 참석 후 토론토(Toronto)에서 뉴욕으로 갈 때 소형의 비행기를 탄적이 있다. 그때 뉴욕에 착륙하기 전에 허드슨(Hudson)강에서 너무 많이 곡예 하듯이 비행하여 얼마나 가슴이 조마 조마한 적이 있어서 이번도 사실 나는 너무 무서웠다.

제주공항은 비가 주룩 주룩 내리고 있었지만 폭우는 아니었다. 택시를 타고 포럼장소인 오리엔탈 호텔의 포럼사무국에 등록을 하였는데 나는 늦게 오는 바람에 방 하나를 통째로 배정받는 행운을 얻었다. 보통 방을 2명이 모르는 사람끼리 쓴다는 것이 여간 불편한 것이 아니다.

여장을 풀고 나니 마지막 심포지엄이 진행되고 있었다. 세계 여러나라에서 온 환경보호 전문가들이 주로 자기 나라의 환경보호지역에 대한 정책, 방법, 효과 등을 설명하고 국제기구와 어떻게 연계하여 자연을 기후 변화 등에 대응하여 보호할 것인가를 발표하고 있었다. 나는 외국 사람들이 말하는 보호 지역의 그 나라의 어디에 있는 지도 모르지만 자연에 대한 보호가 필요하다는 것을 느낄 수가 있었다.

오늘 일정이 끝나고 이제 쉬었다가 저녁 만찬이 있을 예정이다. 만찬장에서 내가 만난 사람 중에서 팔라우(Pallau)에서 온 여성 환경론자다. 내가 명함을 주니 자기 가슴에 맨 명함 패를 보여주면서 자기는 필라우에서 왔다고 한다. 그 녀는 자기 이름을 나한테 알리는 것이 중요한 게 아니라 자기 나라를 홍보하는 것이 더 급선무라 생각한 것 같았다. 왜냐하면 팔라우라는 나라를 아는 사람은 거의 없기 때문이다. 사실 나는 오래전에 인간극장이라는 프로에서 한국인이 팔라우에서 현지 여인과 결혼하여 살아가는 생활상을 본적이 있어서 그나마 이름이 기억이 났다. 그러나 그 나라가 태평양의 어디엔가 있는 정도로 알았다. 그래서 나는 독립국가 인가를 물으니 자기 나라도 독립국가라 한다. 이런 나라들이 여기에 초청 된 것은 기후 변화로 일부 섬나라가 바다 물에 잠겨서 없어지는 위기에 놓여있기 때문일 것이다(2010.11).

제 5 부 새 출발

마니아

마니아(Mania)라는 뜻은 어떤 일에 여럿이 모여서 열광하는 것이라고 영어 사전에 나와 있다. 버섯을 너무너무 좋아하면 버섯마니아, 운동을 너무너무 좋아해서 열광하면 운동마니아라라고 부른다. 어떤 일에 미친 듯이 열광하면 마니아라는 말을 붙이는 것 같다.

나는 학교를 좋아하지는 않지만 학교에 나오는 것을 매일 반복한다. 이런 것도 마니아라고 부를 수 있는지 없는 지 판단이 안 간다. 휴일에 집에서 쉬면 쉬는 것 같지가 않다. 그래서 학교에 나오게 된다. 남들은 쉬는 날에 무엇하러 학교에 나오느냐고 핀잔할지 모르지만 실상 나는 쉬기 위하여 나온다는 것을 아는 사람은 없다. 연구실에 앉아 있으면 자연히 책을 보게 되고 어떤 때는 내가 미처 생각하지 못했든 생각이 떠오르게 된다. 또 밀린 일이 있으면 차분히 처리하기에도 좋다. 학교에서 나만이 쉬면서 연구하면 마음이 이렇게 편안해 질수가 없다. 지금은 나의 동반자도 같이 나오기 때문에 더 좋은지도 모른다.

쉬는 날에도 학교에 너무 일찍 가려고 하기 때문에 동반자의 불평을 듣는 때가 한두 번이 아니다. 쉬는 날에 쉬엄쉬엄 나가도 되는데 왜 서두르는지 모른다고 말이다. 조금 늦게 간다고 누가 탓하지도 않는데 말이다.

특히 나는 금요일이 제일 좋다. 금요일이면 거의 모든 학생이 수업이 없고 또 교수들도 거의 나오지 않기 때문에 이 넓은 3층이 내 것인 것 같은 착각에서 마음이 푸근해지기도 하여 일에 능률이 오른다. 토요일이면 이제 쥐새끼 한 마리 얼씬 거리지 않기 때문에 그때는 정말 무어라 말 할 수 없는 마음의 풍요와 기쁨을 만끽하면서 내가 하는 일에 속도를 낸다. 일요일은 더욱 더 나는 나만의 생각과 상상에 몰입한다. 행복이란 바로 이런 것이다. 남의 눈치도, 방해도 받지 않고 나만의 세계에 들어가는 것이 얼마나 좋은지 모른다.

우리 학과에서 제일 열심히 공부하고 연구하는 사람을 꼽으라면 나를 꼽는 사람이 제일 많을 것이다. 어쩌다 학생이나 교수를 만나면 내가 모처럼 학교에 나온 사람으로 알고 "쉬시지 않고 나왔군요?" 한다. 그러나 실상 나는 쉬는 날에 더 빠지지 않고 나온다는 사실을 모르고 있다.

어느 축제에서

토요일과 일요일에도 학교에 안 나오면 뭔가 하나가 빠진 것 같은 기분이 들어서 내 몸에 이상이 오는 기분이다. 다른 대학 같으면 학교가 일주일 내내 시끌벅적하지만 우리 학교는 목요일 오후부터 일요일까지는 쥐 죽은 듯 조용하여 혼자 사색하고 밀린 일하고 원고도 쓰고 하면서 시간을 보내기에 안성맞춤이다.

나는 학생들에게 공부를 하려면 놀아도 학교에 와서 놀라고 말하곤 한다. 학교에서 논다는 것 자체는 사실 공부의 연장선에 있기 때문이다. 간 혹 학교에 나와서 연구하는 교수님방의 불빛을 보면 느끼는 바가 조금은 있으리라 본다. 학교라는 것은 누가 무엇이라 해도 책이 제일 많이 눈에 띄는 곳이다. 제아무리 책을 싫어한들 책을 한번 떠들어 볼 확률이 다른 어느 곳 보다 많기 때문이다. 놀다가 심심하면 무슨 책이든 볼 것이 아닌가. 그것이 그 학생이 한 걸음 앞으로 나가는 동기가 될 수도 있다.

사실 학교에 나오면 아무도 없는 이 큰 복도에서 가끔 흘러간 옛 노래도 불러보고 혼자만의 사색의 터널 속을 달리면서 미래를 생각하곤 한다. 학교는 나의 삶의 대부분을 차지하는 곳이다. 기쁨, 슬픔, 분노 등이 있을 때도 나는 학교에서 많이 삭이곤 한다. 그리고 점심을 먹고 학교 운동장을 한 바퀴 돌게 되면 건강에도 좋고 생각의 실마리의 순서를 잡으면서 내 인생의 크고, 작은, 이런저런, 자질구레한 모든 것을 정리하여 온 곳이다.

그렇다고 나 같은 사람을 학교를 좋아하는 마니아라고 부르는 사람도 없고 나도 마니아라고 생각하지 않는다. 그냥 내 생활의 일부로서 학교생활을 즐기고 있을 뿐이다. 나 같은 사람을 무어라 부르면 좋을까(2010.8).

제 5 부 새 출발

기초의 중요성

2009년 말에 한통의 전화를 받았다. 버섯 재배를 대대적으로 하고 싶은데 자문을 구하고 싶다고 한다. 어떻게 알았느냐고 하니 전에 우석대 총장을 역임한 장명수 박사로부터 소개를 받았다고 한다. 그래서 우석대학에 오셨는데 나이가 거의 80에 가까운 분으로 현재도 회사를 운영하는 분이었다. 공장 부지며 자금에 대한 견적서도 가지고 오셔서 대충 검토를 한적이 있다. 그래서 버섯전문가와 함께 공장 부지를 방문하기로 하였는데 그 후 영 소식이 감감하다. 궁금하여 내가 전화 연락이 되었는데 병원에 입원중이라 한다. 쾌차하면 한번 만나기로 하였지만 그 후도 소식이 없다. 단순히 버섯재배가 유망하다는 말만 듣고 돈과 부지가 있으면 수출산업으로까지 생각하시는 것 같았다. 그러나 내가 생각하기에는 어차피 버섯 재배 등은 대부분이 소규모 산업이므로 경험을 먼저 쌓으라고 권하고 싶다. 컨설팅을 하면 금방 수지맞는 사업으로 생각하는 데 반드시 그렇지는 않다. 모든 것은 해보면 여러 가지 예상치 않았던 어려움이 나타나게 마련이다. 버섯재배 전문가를 초빙해서 한다고 해도 상당한 애로가 따르고 인건비 등을 감안하면 그리 쉬운 사업이 아니라는 것을 알아야한다.

마이스터대학에 다니는 신문근 사장의 표고 농장을 가 본적이 있다. 나는 겨울철의 표고재배를 보고 싶었고 또 사진을 찍고 싶었기 때문이다. 농장에는 조선족 부부가 일손을 거들고 있었다. 마치 가족처럼 생활하면서 일하는 것을 보고 우리 농촌의 일손 부족을 잘만 하면 해결이 가능하다는 생각이 들었다. 혹 그들이 불법체류자라면 그것을 악용하기 때문에 일손이 어려워지는 것은 아닌가 생각이 들었다. 말도 통하고 성실히 일하기 때문에 상당한 저축도 하였다니 내 마음도 흐뭇하였다. 농장의 한 개동에 잡균이 발생해서 애로가 있다고 한다. 유독 한 동에서 콩버섯이 많이 발생하고 있었다. 거기다가 꽃구름버섯류도 발생하고 있었다. 따라서 자연히 표고버섯의 발생은 저조할 수 밖에 없는 것이다. 내가 진단하기로는 바람에 의한 포자가 다른 표고원목으로부터 날라 와서 일어난 일이 아닌가 생각 들었다. 버섯 재배에서 환기가 중요한데 표고원목에 해균이 발생하면 바람에 의하여 포자가 재배장을 맴돌다가 다른 표고원목에 떨어지기 때문이 아닌가 생각 들었다. 그래서 이런 재배장을 특별 관리하여 포자가 다른 재배동으로 번지지 않게 하는 것이 좋을 것으로 생각되어 진다. 이것은 나의 생각이므로 좀더 재배하는 분의 연구 검토가 필요하다. 이런 것에 대한 대책이 거의 없는 것이 현실이다. 먼저 해균으로 발생한 이런 버섯들이 무슨 버섯인지를 정확히 동정하여야 하는데 그런 지식이 아직은 농가에는 미흡하기 때문이다. 또 하나는 표고 재배장에 민달팽이류가 수없이 버섯에 달려들어 해를 끼친다고 한다. 사실 나는 민달팽이가 표고 버섯재배장으로 몰려든다는 것은 처음 듣는 이야기였다. 이런 해로운 동물을 죽이는 데 갖가지 방법이 동원되고 있다는 말에 적지않이 놀랐다. 이런 현상이 이 농가에서만 일어나는 지 아니면 다른 농가에서 일어나는 지는 더 조사할 필요성이 있을 것으로 안다.

버섯 재배장에서

버섯재배에 있어서 습도, 온도, 환기가 중요한데 이런 것은 거의가 다 자동제어장치로 감지하여 해결이 되지만 이런 오염, 해균, 해로운 동물에 대한 연구는 미흡한 현실이다. 오염이 되면 버섯균과 해균사이의 싸움에서 버섯균이 불리하게 된다. 버섯균은 오염에 전연 면역력이 없지만 해균들은 자기를 방할 수 있는 강한 면역력을 가지고 있기 때문이다. 해로운 동물 달팽이류도 자기들에게 양질의 먹이가 되는 버섯은 그들의 번식을 위해서 영양, 습도 온도 등이 최적이기 때문이다. 이런 것을 예방하기 위해서 버섯재배농가들의 사전 예방을 나름대로 세워야 소득증대에 크게 도움이 될 것이다.

그런데도 버섯을 재배하는 농가들은 이런 기초적인 것에는 관심이 없고 그저 버섯만 잘키우려고 만 한다. 틀린 것은 아니지만 버섯을 잘재배하기 위해서 이런 기초적인 지식이 필요하다는 것을 알아야 목적을 달성할 수가 있다는 것을 알았으면 한다(2010.6).

제 5 부 새 출발

어떤 선물

만물이 소생하는 새봄이 돌아 왔다. 이 만물을 이야기 할 때 우리는 보통 언 땅에서 죽지 않고 용케 살아서 파릇파릇 새로운 움을 틔우는 풀들을 주로 의미하는 것으로 알고 있다.

그래서 봄은 모든 생물에게 희망과 꿈을 주는 것이다. 특히 우리인간에게 봄은 추운겨울에 움츠렸던 것을 기지개를 켜서 활짝 가슴을 펴는 계절이다.

기지개를 활짝 펴는 것 중의 하나가 졸업식과 입학식이다. 나는 이번에 너무나 감동적인 선물을 받았다. 사실 나는 학교 졸업식 날 서울에서 학교로 내려가는 중이었다. 내가 학교에 도착하였을 때는 이미 졸업식이 끝나고 학교는 썰물이 밀려 나간 것처럼 고요가 찾아들고 있었다. 그런데 이번 졸업하는 학생이 나한테 음료수 박스 한 상자를 사다 놓고 간 것이다. 그 음료수가 뭐 대단한 것이냐고 하겠지만 나로서는 너무 가슴 뭉클한 사연이 있다.

교단에서 제일 어려운 것이 성적이다. 학생들이 자기의 공부한 것 만큼 만 성적나오면 그것으로 만족하는 것이 아니고 그 이상을 바랄 때 문제가 생기게 마련이다. 그 때문에 학생과의 관계가 소원해지는 것이 비일 비재하다. 그러니 인간적인 관계를 유지하기가 너무 어려운 곳이 대학이 아닌가 생각된다. 사람이 모이고 조직을 구성하면 거기에는 멀고, 가까운 관계가 이루어지기 마련이다. 교수와 학생관계도 마찬가지다. 부모와 자식 관계에서 열손가락 깨물어서 안 아픈 손가락이 어디 있느냐고 하지만 사실 그 말이 얼마나 진실성이 있는지 자문 해본다. 나도 사람인지라 나에게 무언가 잘 보이는 학생에게 조금은 관심이 더가게 마련이다. 그런데 학생들 중에는 그런 것을 빌미로 잘못 생각하는 수가 있는 것 같다. 예를 든다면 시험 볼 때 부정행위를 하는 수가 더러 있다. 그리고 적발하여 F학점을 주면 그 다음 부터는 확 달라진다. 보아도 인사도 않고 싫어하는 눈치가 역력하고 그 다음에는 수강 신청도 안한다. 이런 것을 경험할 때는 사실 나도 사람인지라 괘씸할 때도 있고 어떤 때는 빨리 정년을 하여 이런 꼴 저런 꼴을 안보는 것이 상책이다 하는 생각을 한다. 이번에 나한테 음료수 선물을 한 학생에게 나는 고마움을 느끼게 하고 나를 돌아보게 한다. 이 학생은 검정고시를 보고 대학에 온 학생이다. 대체로 검정고시를 치룬 학생들이 비교적 우수한 재능을 가진 학생들이 많다. 내 과목을 1~2학년 수강과목을 F학점 2~3개를 받은 것으로 안다. 다른 과목은 학점이 나오는 데 내 과목만 안 나오니 얼마나 원망했을 까. 처음 1학년 때는 음료수를 사들고 와서 사정하든 생각이 난다. 그 후 학년을 올라가면서 출석도 잘하고 공부도 열심히 하여 좋은 성적을 얻고 있었다. 한번은 나와 이야기 하면서 자기는 내 과목을 F학점을 받은 것이 당연하다는 말을 들으면서 사실 마음이 쓰이게 되었다. 당연히 자기가 학교도 안 나오고 공부를 안했으니 F학점을 받은 것이 당연하다고 한다. 오히려 나에게 용기를 주는 행동에 나는 사실 뿌듯하였다. 다른 학생들 같으면 인사도 안하고 본체만체하고 내 과목은 학점을 안주니 수강 신청하지 말라고 후배들한테 말할텐데 말이다. 그 학생으로부터 음료수 선물을 받고 나는 너무나 행복하였다. 어떤 학생은 시험을 치룬지 일주일이 지나서야 나타나서 시험을 보겠다고 해서 안 된다고 했더니 다른 교수들은 다보게 하는 데 왜 나는 안되냐고 하면서 따지길래 나는 할 수 없는 이유를 설명하였지만 그것이 통할리가 없다. 내 연구실 문을 부셔지라고 꽝하고 닫고 나가는 것을 보면서 기분이 얼마나 상했는 지 모른다. 마침 다른 학생들도 있는 앞에서, 이런 일이 한 두 번이 아니지만 대학의 학생들이 정말 지성인다운 학생인가 생각하는 때가 너무나 많다. 또 한편 왜 이런 풍토가 대학에 만연하는지 이것은 학생만의 잘못이라기보다 교수, 학생, 학교가 다 같이 책임을 느껴야 하지 않을 까 생각된다. 그럴 때마다 나는 얼마나 교수로서 양심적으로 바르게 진실을 가르쳤는지 생각해본다.

만물중에서 생각하는 사람만이 이런 일이 있을 까 아니면 다른 생물한테도 이런 일이 있을 까. 아마도 생존경쟁을 하는 생물들은 우리가 알지 못해서 그렇지 이런 유사한 일이 있을 것만 같다. 또 균류인 버섯들도 이런 일이 일어나고 있을까. 사실 이런 일이 없다면 나는 버섯처럼 한평생 살아가리라(2010.4).

어린이 버섯 도감

제 5 부 새 출발

30년 만에 다시 찾은 석굴암 앞에서

7월 하순경에 국립공원 연구소의 송재영 박사로부터 경주지역과 다도해해상국립공원의 자연자원모니터링을 할 수 있느냐고 문의해 와서 경주지역만 할 수 있다고 하였다. 시기적으로 다도해해상국립공원은 무리가 있기 때문이다. 그래서 본격적으로 8월에 경주에 방극소선생과 함께 버섯자원조사에 나섰다. 경주는 여러 번 갔지만 주마간산 격으로 대충은 둘러 보았지만 제대로 한번 자세히 본적은 없다. 새벽 5시 30분경 출발하여 완주의 소양 톨게이트로 들어가서 익산 포항 고속도를 거쳐서 대전 진주고속도로 들어가서 함양에서 88고속도를 이용하였다. 다시 대구 시내를 거쳐서 경부고속도를 이용하여 경주에 갈수 있었다. 처음가는 길이어서 방 선생이 아니면 어려울 것 같았다.

경주에 도착한 것은 8시30분 쯤 불국사로 갔다. 우선 잘 알 수 있고 가본 경험이 있는 토함산이기 때문이다. 화장실에서 나오다 고창초등학교 유병회 교감선생님을 만났다. 너무나 뜻밖이다 이 먼데서 만나다니. 유 교감 선생님은 경주에서 열리는 유소년 축구대회에 학생들을 인솔하고 왔다고 한다. 반가운 만남을 뒤로하고 불국사에 들어가려고 국립공원연구소에서 발행하여준 조사원증을 보여주니 안된다고 한다. 연락을 받은 바 없단다. 불국사 경내는 포기하고 토함산으로 올라가면서 조사를 하였다. 사실 이 길은 30여년전 내가 안동의 경덕중상고에서 근무할 때 아내와 함께 불국사를 거쳐서 석굴암까지 간적이 있는 길이다. 그때는 정말 오솔길이어서 힘이 들었다. 물론 지금도 오솔길이 있고 옆에 자동차가 올라갈 수 있도록 도로가 나 있었다. 내가 어릴 때

초등학교 다닐 때 국어책에 불국사를 찾아서란 글이 있었는데 그때 책에서 글쓴이가 땀을 뻘뻘 흘리면서 토함산의 석굴암을 찾아간 기행문이 있었는데 그것이 머리에 떠올랐다. 하여간 지금 나는 30여년 만에 다시 버섯을 채집하면서 올라갔다.

쓴맛그물버섯류가 대단히 많이 나고 있었고 또 귀신그물버섯도 흔히 발견되었다. 지금 내가 채집하면서 올라가는 길이 옛날의 그 길인지는 도무지 생각이 안났다. 상당히 올라가니 자동차 길이 계단으로 바뀌어 있었다. 계단으로 올라가면 토함산 주차장이 나온다.

우리는 다시 불국사 주차장으로 내려와서 차를 타고 토함산으로 갔다. 토함산 입구에서는 조사원증을 보여주니 통과시켜서 길가의 버섯을 채집하였다. 관광객이 많았다. 우선 시원한 동해의 바람이 시원하게 불어 주어서 사실 피서를 온 기분이다. 이렇게 폭염속에서 생명력을 발휘하여 돋아나는 버섯을 보면서 종족 보존을 위한 버섯들의 생태계에서의 살아남기 위한 몸부림에 감탄하지 않을 수 없다.

석굴암 앞에서 30여년 전에 아내와 함께 땀을 뻘뻘 흘리면서 왔던 생각이 주마등처럼 스쳐간다. 오는 날이 장날이라고 그날은 4월 초파일이어서 사람들이 상당히 붐볐다. 물론 그때는 차로는 올수가 없었고 걸어올라 와야만 했다. 입장료도 받지 않았다. 석굴암에서 바라본 감포는 정말 그때나 지금이나 너무나 멋진 한폭의 풍경이며 신라인들의 안목을 헤아릴 수 있는 곳에 석굴암을 만들어 소원을 빈 것에 숙연하지 않을 수가 없다. 내려다 보이는 산줄기 자락의 사이를 시원하게 부처님이 볼 수 있도록 그리고 떠오르는 태양의 햇살을 온몸에 받도록 만든 신라인들의 지혜에 머리를 숙이지 않을 수가 없다. 신라인들은 부처님을 대리로 동해의 힘찬 햇살로 소원하는 것이 이루어지도록 빌었던 것을 생각하니 나도 타임머신을 타고 2000년 전의 신라인이 된 기분이다. 그럼 나는 무엇을 부처님에게 빌었을까?

버섯연구를 하도록 빌었을 리는 만무하다. 왜냐하면 그 당시는 버섯의 개념이 없었을 뿐더러 지균, 목균정도만 알고 있었든 시대이기 때문이다. 아니면 자식들이 공부 열심히 하여 훌륭한 사람이 되라고 빌었을까. 그것도 아닐 것 같은 생각이 든다. 그 당시는 지금처럼 생존경쟁이 심한 세상도 아니고 엄연히 신분 계급제도 사회이니 공부란 귀족에게나 필요한 것이었을 것이다. 아마도 살아 생존에 고생만 하든 세상이라 죽어서 극락세계로 가도록 빌었을 가능성이 제일 많을 것 같았다. 나도 보통의 평범한 사람이었을 테니 말이다 (2008.11).

30여 년 전 불국사에서 아내와 함께

제 5 부 새 출발

우면산

한국자연환경보전 협회가 금년에는 서울의 우면산 일대를 학술조사하기로 되어 본인도 참여하게 되었다. 사실 우면산은 서울 서초구에 있는 산으로 해발 290m밖에 되지 않는 야트막한 산이다. 서울에 산지 2년째에 접어들었지만 말로만 듣던 산을 직접 가게 된 것은 이번이 처음이다. 우리집에서 전철로 선바위쪽은 6정거장, 예술의 전당쪽은 3정거장밖에 안되는 그야 말로 동네에 있는 산이지만 그동안 가보지 못했든 산이다. 우면산이 유명세랄까 머랄까 사람들의 입에 오르내리게 된 것은 작년(2011)에 폭우로 산사태가 엄청나게 일어난 계기로 생각된다. 그것도 소위 강남 3구(서초구, 강남구, 송파구)에서 인명을 앗아가는 산사태가 일어 난 것에 대해서 경악을 금치 못한 것이다. 강남 3구하면 한국의 부동산 가격 상승과 하락의 진원지로 알려진 곳이 아닌가. 그리고 소위 서울에서도 제일 부자 동네로 알려진 곳이 아니던가. 이렇게 자타가 인정하는 부자 동네에서 산사태로 엄청남 피해가 일어난 것에 대해서 사람들은 의아해 하고 있는 것이다. 산사태의 원인과 결과에 대한 책임공방이 완전히 끝나지 않은 것으로 아는 데 서울시와 재야의 학자간에 상당한 의견차가 있는 것으로 보인다. 이번에 사방 토목분양의 전문가도 참여하므로 어느정도 공감가는 해결책도 기대해본다.

버섯조사는 같은 장소라도 계속하여 조사가 요하는 것이어서 나에게는 참으로 행운이라 생각된다. 처음은 선바위역에서 공군 기지가 있는 쪽으로 올라가는 등산로 길에서 거대한 말징버섯(지름 10~20cm)을 발견하였고, 그 외에 암회색광대버섯의 무더기 발생도 조사하였다. 물론 이런 것이 한 번에 이루어진 것은 아니다. 또 한코스는 남부터미널에서 올라가는 등산로다. 이곳은 도심에 가까워서 등산객도 많은 곳이다. 처음 우면산의 소망탑까지 가면서 조사된 버섯은 일본광대버섯(Amanita japonica)으로 엄청난 길이를 가진 버섯이다. 이 버섯은 검회색가루의 돌기와 자루에 회색가루로 덮여 있어서 손을 갔다 대면 손에 붙는다. 제일 어려운 것은 사진을 찍는 작업이다. 자루가 땅속 깊숙이 묻혀 있어서 잘못하면 땅을 헤집다가 부러지기 쉽고, 잘못하여 손이 닿으면 가루가 거의 다 벗겨져서 본래의 모습이 다르게 보이기도 한다는 것이다. 땅을 깊숙히 파내고 사진을 찍고 캐내어서 다시 찍고 하는 작업은 상당히 정성이 들어가는 일이다. 균모의 돌기 인편은 어떤 때는 다 벗겨진 것, 중앙은 벗겨지고 가장자리에만 남아 있는 것이 있어서 어떻게 버섯을 연출하느냐 하는 것도 언제나 어려움이 따른다. 잘못하면 사진을 보고는 다른 버섯으로 오인하기 쉽기 때문이다. 이런 것들은 비에 의한 것이 원인이어서 비가 온 후에 언제 채집에 나서느냐 하는 것이 중요하다. 비가 바로 온 후는 버섯이 물기가 많아서 채집을 하더라도 집에 돌아와서 말리려고 하면 벌써 썩어간다고 해야 할 것들이 많기 때문이다. 또 강한 햇볕이 아니면 소쿠리에 담아서 놓아도 파리떼의 유충(구데기)로 거의 썩고 자루만 남거나 검게 썩은 균모의 일부만 남게 된다. 그래서 비가 온 후에 하루나 이틀 후에 가려고 하지만 이것도 쉬운 일은 아니다. 왜냐

꾀꼬리버섯

하면 다른 일이 겹쳐서 채집시기를 놓치기 십상이다. 사실 비가 온 후에 채집되는 것들은 잘못하면 오 동정이 왕왕 일어난다. 자라 올라오면서 인편이나 턱받이 같은 부속물들이 비에 씻겼기 때문이다. 그러는 사이에 미기록종도 몇종 발견하는 즐거움도 있게 마련이다. 폭우기 지난 후에 남부터미널 쪽에서 소망탑 쪽으로 채집을 하면서 엄청나게 많이 발생한 꾀꼬리버섯의 무리를 발견하였다. 비가 온 다음 날이라 버섯들의 균모는 갈라지고 찢어지고 하여 튼 볼품이 없었다. 하루나 이틀 후에 다시가고 싶었지만 다른 일정이 있어서 아쉬움이 남았다. 많이 따다가 일부는 표본을 만들고 나머지는 된장국에 넣어 끓여 먹는 호사도 누릴 수가 있었다. 다음번엔 어떤 버섯을 만날까를 생각하니 기대가 된다(2012.9).

제 5 부 새 출발

공수래공수거(空手來空手去)

인생의 허무함을 이야기 할 때, 그리고 너무 욕심을 부리고 너무 돈에 탐욕을 부릴 때 흔히들 하는 말이 인생은 공수래공수거라는 단어를 많이 사용한다. 빈손으로 왔다가 빈손으로 가는 인생인데 욕심을 부리고 돈에 집착하는 것을 꾸짖는 말이다. 이 말의 의미는 욕심을 부리지말고 살라는 교훈으로 하는 말인 것을 우리는 잘 알고 있다. 말은 쉬어도 실천하기는 매우 어려운 것이다. 남한테는 마음을 비우라고 하지만 실상 본인은 그렇게 안되는 것이 인간들의 속성이다. 사람은 빈손으로 오는 것은 확실한데 죽을 때는 빈손으로 가는 것일까?

필자는 얼마 전에 식용버섯·독버섯도감을 내려고 출판사에 들려서 계약을 하면서 사장님으로부터 상당히 충격적인 말을 들었다. 고경식씨라는 식물분류학자가 식물도감을 여러권 펴낸 것을 필자도 알고 있으나 만나 본적은 없다. 그런데 이분이 이북에서 내려온 사람이며 김일성종합대학을 나온 그냐말로 엘리트라 할 수 있는 사람이다. 그런데 이분이 말년에 한국의 야생식물도감이라는 굉장히 훌륭한 도감책을 출간하였다. 지금까지 내가 본 식물도감중에서 굉장히 페이지가 많은 큰 책이다. 이 분은 대학의 강단에 정식으로는 서지 못하고(대학의 정식교수가 안됨) 소위 재야에서 묵묵히 식물분류를 연구하여 왔다고 한다. 그런데 이 분이 돌아가실 때 유언으로 자기가 지은 책 2권을 관속에 넣어 달라고 유언을 하여서 2권을 관속에 넣어 주었노라는 말을 들으면서 필자는 가슴이 뭉클함을 느꼈다. 그만큼 식물분류를 위하여 한평생

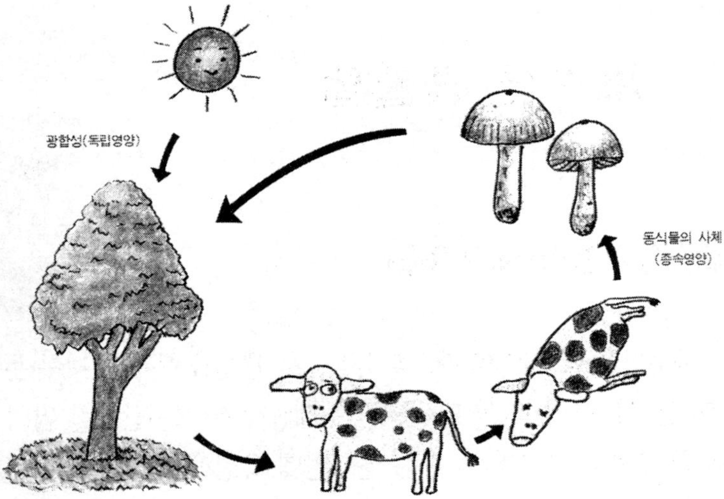

생태계의 순환

을 보냈고 자기가 이 세상에 남겨 놓은 것이 자손 말고는 저서들이 자기의 분신이라 할 수가 있기 때문 일 것이다. 유명한 재벌이든지, 아니면 매스컴을 화려하게 수놓았든 정치가라든지 또는 필자 같은 보통사람들은 죽을 때 관속에 무엇을 넣어 달라고 할까? 아니면 아무 말 없이 관속으로 들어갈 가를 생각하니 인간은 과연 어떤 존재인가. 정말 사람은 빈손으로 왔다가 빈손으로 돌아가는 걸까.

이러한 철학적인 이야기를 하면 다른 생물들은 무엇 때문에 사는가 하는 생각을 하게 된다. 필자는 그러나 사람을 비롯한 모든 생물들이 빈손으로 올지 모르지만 흙으로 돌아 갈 때는 위대한 업적을 쌓고 간다는 것을 모르고 있을 뿐이다. 종족보존이란 이 엄청난 일을 하고 가는 것을 단순히 관속에 아니 손에 들고 가는 것이 없다고 하여 빈손으로 간다고 이야기 하는 것은 인생의 진정한 의미를 모르고 단순히 물질을 숭상하는 생각에서 비롯되는 것은 아닐까.

버섯들을 짧은 생애를 살다 간다고 하지만 그것은 겉모양만을 보고 하는 말이다. 실은 버섯들은 자기들의 생명줄인 균사를 땅속, 나무속에서 남겨두고 가는 것이다. 짧은 생애를 통하여 끊임없이 종족을 보존하기 위하여 투쟁하는 그 자체는 자기는 죽어도 자기의 자손이 영속한다는 것은 인간들이 무엇을 가지고 간다는 이상으로 위대한 것이다. 어쩌면 인간을 제외한 생물들은 자기가 살아남아서 후대를 이어 갈수 있는 자손을 남기는 것이 인간들이 죽을 때 무엇을 가지고 가는 것보다 위대하다는 것을 알고 있는 것이다. 우리 인간들도 우리 삶 자체가 위대하다는 것을 인식하고 빈손으로는 왔지만 위대한 선물을 가지고 간다는 평범한 생물들의 진리를 터득하는 현명함이 필요하리라 보는 것은 필자의 편협된 생각일까(2008.7).

제 5 부 새 출발

하지정맥

나의 다리에 울퉁불퉁한 푸른 핏줄이 흉물스럽게 튀어 나와서 보기에도 좋지 않았다. 그러나 다리를 쭉 펴고 앉으면 매끈하여 지고 아픈 증상도 없어서 대수롭지 않게 생각하였다. 언제부터 핏줄이 불거지기 시작했는지는 잘 모른다. 그 이유는 이것이 통증이 없었기 때문이다. 시골에 가면 농부들의 상당수가 논에 들어가거나 밭일을 할때 보면 핏줄이 불거져 있는 것을 본 기억이 있는 데 그저 그르려니 생각했지 병으로까지는 생각하지 않았다. 이런 현상이 나타나기 시작한 것은 10년 이상으로 기억 된다. 가끔 생로병사 프로에서 하지정맥에 관한 방영이 있지만 그때도 별대수롭지 않게 생각하고 아마 일시적 현상으로 가볍게 생각하였던 것이 화근이었다. 하루는 반바지 차림으로 아침운동을 하는 데 운동하던 아줌마가 내 다리를 보고 하지정맥류이니 빨리 수술 받으라고 하면서 친절히 전문병원까지 안내하여 준다. 그러면서 자기도 너무 아파서 수술을 한 경험을 이야기 한다. 수술을 받아야 하겠다고 생각하면서도 바쁘다는 핑계로 미루다가 강남성모병원에 가서 진찰을 받게 되었다. 의사는 내 다리를 보면서 나와 함께 동반 고통을 겪을 것이라고 말한다. 친절하게 그림까지 그리면서 혈류가 내려 왔다가 위로 올라가지 못해서 다시 내려온다고 하면서 다리를 만져보라고 같이 간 아내에게 말한다. 만져보니 다리가 정상인 오른쪽 다리에 비하여 열이 있다. 그래서 하지정맥이 있는 다리에 열이 있다는 것을 처음 알았다. 어떻게 그렇게 오래동안 열이 있는 것을 모르고 지냈는지 한심하기 짝이 없다. 그때부터 운동을 할 때 다리를 만지면 확실히 열이 있어서 뜨거운 것을 알았다. 오랫동안 그런 것도 모르고 생활한 나야말로 다리에 대해서 너무 혹독한 고생을 시킨 것이 부끄럽다. 아무리 내 몸이라 하여도 그런 고통을 꾹 참고 나와 함께 고통을 참으면서 10년 이상을 살았다니. 하지정맥은 일종의 직업병이라한다. 다리를 많이 사용하는 직업군에서 많이 걸리는 것 같다. 특히 선생님들이 교단에 서서 수업을 오래하고, 들판에서 일하는 농부가 많이 걸리는 것이 아닌가 생각된다. 사실 나는 버섯을 채집하기 위하여 너무 자주 산을 갔기 때문이고 그리고 학교에서도 서서 일하는 때가 너무 많았기 때문이다. 한때는 발바닥이 아파서 걷기가 거북한 때도 있을 정도로 많이 걸었기 때문이다. 과유불급(過猶不及)이 나에게 딱 들어 맞는 말인 것 같다. 수술을 받기전에 종합검진을 받았지만, 나의 사정으로 거의 한달 후에 수술을 받게 되었다. 오후 2시

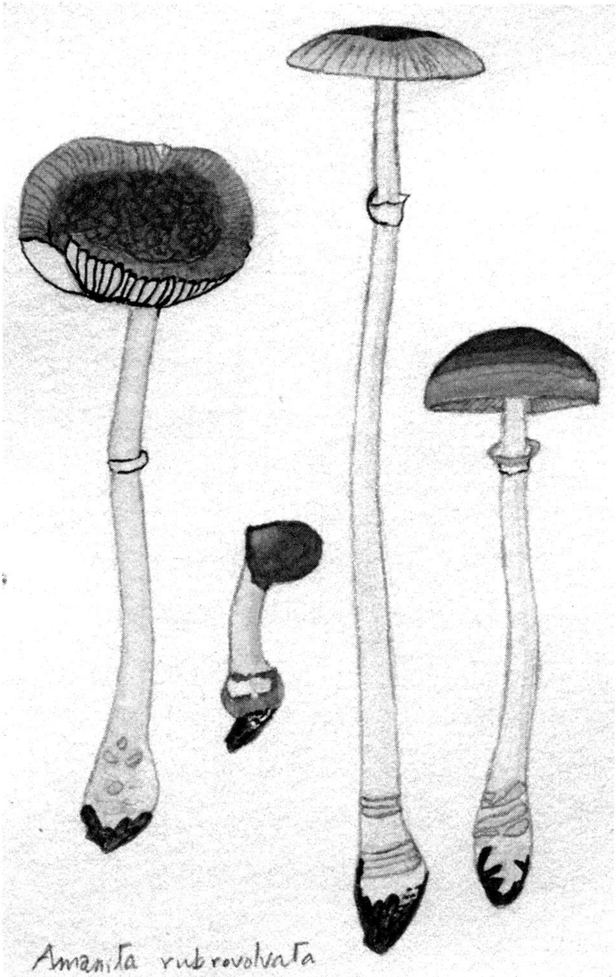

붉은 주머니광대버섯

에 병원에 가서 수술복으로 갈아입고 정작 수술을 받은 시간은 6시가 넘어서인 것 같았다. 그러니 4시간 동안 기다리는 시간은 너무나 불안하고 고통스러웠다. 아마도 내가 제일 늦게 수술을 한 것 같다. 수술실로 가니 약간 춥고 으스스하였고 산소호흡기 같은 것을 입에 달아주어서 나는 그저 호흡을 잘하라는 뜻으로 알았는데 나중에 생각하니 그것이 마취의 시작이었다. 내가 깨어난 것은 10시가 넘어서였다. 회복실을 거쳐 입원실로 오니 아내가 기다리고 있었는데 너무 오래 소식이 없어서 무슨 큰일이 일어나지 않았나 걱정이 이만 저만이 아니었다고 한다. 그도 그럴 것이 다른 사람은 다 나오는 데 나는 밤늦게까지 안나와 걱정이 안 될 수가 없었던 것 같다. 수술다리를 묵직한 플라스틱 것 같은 것으로 감고 잠을 청하는 괴로움이 이만 저만이 아니었다. 수술 4시간 후에 물 등을 먹으라 하니 목도 마르고 정말 고통스러웠다. 밤새 엎치락 뒤치락하기도 어려웠다. 새벽 3시경이 수술 4시간 이 지나는 시간이라 물을 먹고 혹시나 해서 새벽 6시경까지 버티다가 물, 과일을 먹으니 약간 기운이 난다. 아침을 먹고 수술 담당의사가 회진 왔을 때 다리에 감은 플라스틱 붕대를 풀었다. 아직 마취가 덜 풀렸는 지 다리에 감각이 없다. 오전에 빨리 퇴원하라고 한다. 그래야 점심 식대가 입원비에 포함 안되어 경비가 줄어든다는 것이다. 의사의 말은 수영하고, 운동하고, 많이 걷는 것이 좋다고 하며 오래동안 서서 있거나 앉아 있는 것은 좋지 않다고 한다(2012.7).

제 5 부 새 출발

과유불급(過猶不及)

이제 버섯이 산야에서 발생하는 시기에 접어들었다. 어떤 버섯은 봄에, 어떤 것은 여름에, 또 어떤 것은 가을에, 그리고 또 겨울에 이렇게 계절을 달리하여 발생하는 이유는 무엇일까. 한마디로 말하면 생존경쟁에 유리한 계절을 선택한 때문으로 생각된다. 사람도 자기에 유리한 위치에 있을 때 남을 제압하고 힘을 뽐내는 것처럼 버섯들도 자기의 힘을 최대한으로 과시하는 때가 어느 때인가를 오랜 진화를 거쳐서 터득한 것일 것이다.

봄에 발생하는 버섯이 여름에 발생한다면 자기가 알맞은 온도, 습도가 맞지 않아서 생태계어서 지탱하는데 어려움이 있게 마련이다. 목이가 늦봄에 나무에 무더기로 나는 것을 흔히 볼 수가 있다. 그것은 나무에 균사를 뻗어온 자기의 자손을 퍼뜨리기 위해서 빨리 가능한 밖으로 내보내야 한다. 나무 속에는 목이뿐만이 아니라 다른 버섯의 균사와 곰팡이가 상존하고 있는 것이다. 다른 균사보다 먼저 나무 숙주의 영양을 흡수하여 자실체를 형성하여 포자를 멀리 멀리 퍼뜨려야 자기의 종족을 확산 시킬 수가 있는 것이다. 이렇게 목이가 자라나온 다음에는 다른 버섯이 여름에 발생하는 것을 볼 수 있는데 만약 이 버섯이 목이와 함께 발생하려고 경쟁한다면 자기의 자실체를 발생하는데 많은 어려움이 있고 건전한 자실체를 발생하기가 어려울지도 모른다. 차라리 목이가 발생한 다음에 목이의 힘이 쇠잔한 다음에 여유있게 나오는 것이 유리하다. 이는 마치 표범이 얼룩말을 공격하여 쓰러뜨린 다음에 배불리 먹고, 다음에 표범이 떠나면 하이에나가 와서 표범이 먹다 남긴 나머지 사체를 먹어 치우는 것이 유리하다. 하이에나가 표범처럼 얼룩말을 습격한다는 것은 여러모로 어렵고 또 사냥에 성공할 기회가 없기 때문에 때를 기다려 자기의 먹이감을 얻는 이치와 같다 보면 될 것이다. 또 표범은 자기가 사냥한 것을 자기 혼자 다 먹어 치운다는 것이 결코 자기 생명과 종족 보존에 불리하다는 것을 아는 것이다. 자기 혼자 더 먹으려고 한다면 다른 천적들이 나타나서 오히려 목숨마저 위태로울 수가 있는 것이다. 그래서 자기가 사냥한 먹이감이지만 빨리 떠나는 것이 유리하다는 것을 알고 있는 것이다.

생태계에서 버섯들은 자연의 기회를 엿보면서 살아가는 지혜를 터득한 것이다. 자기가 언제 지상으로 나오는 것이 자기의 종족을 퍼뜨리는 것이 유리한지를 터득하고 있다. 그러니까 자기에 알맞은 계절이 오면 땅속이나 나무속에서 겨우 목숨을 부지하면서 때를 기다리는 인내심을 가지고 있는 것이다.

원뿔끈적버섯아재비

이에 비하면 우리 인간들은 시도 때도 없이 자기만 살려고 만인의 만인에 대한 투쟁을 벌이는 것이다. 버섯들은 자기의 종족을 보존하는 일이 끝나면 자연스럽게 다른 버섯이 발생하여 종족보존을 할 수 있는 기회를 주는데 인간들은 끝없는 욕심을 부리다가 자기의 생명마저 버리는 것을 우리는 흔히 볼 수가 있다. 인간들은 "과유불급" 이라는 말을 하면서 행동은 이와 정반대로 하는 것을 볼 수가 있다. 어쩌면 인간들이 자연의 생태계의 버섯처럼 자기의 분수를 알고 때를 기다리고 참으면서 살아간다면 과유불급이라는 말도 생겨나지 않았을 것이다. 이 세상의 여러 좋은 말, 나쁜 말, 유익한 말들은 따지고 보면 인간들이 그 말의 반대처럼 하기 때문에 생겨난 말들이다.

자연에 순응하여 자연의 순리에 따라 살아간다면 무슨 발전이 있겠느냐 반문하는 사람들도 많다. 이 말도 틀린 말은 아니다. 그러나 자연의 이치를 거슬러 살아가면 그 대가는 반드시 우리 인간에게 되돌아 온다는 것을 지금의 지구 온난화가 잘 말해주고 있다는 것을 알아야 한다(2008.6).

제 5 부 새 출발

적반하장

적반하장이란 어느 때 쓰는 말인지 사람들마다 아전인수격으로 사용하는 것 같다. 따지고 보면 자기의 잘못으로 사건이 일어 났는데도 사건 현황이 자기에게 조금 유리한 것 같으면 본말을 뒤집고 오히려 남의 탓으로 돌리는 파렴치한 행동을 일삼아서 남에게 죄를 뒤집어 씌우는 일이 흔히 일어나고 있다.

가령 자동차 사고를 보더라도 심심찮게 가해자와 피해자가 뒤바뀌어 일어나는 것을 매스컴을 통해서 흔히 보고 있다. 사실 사건이 일어나면 법률지식을 잘모르는 사람들은 당황하여 제대로 설명을 못하여 자기에게 불리한 증언을 하는 수도 있는 것 같다. 이번에 나의 주위에서도 원인제공은 자기가 하고 원인이 잘못 된줄도 모르는 사람도 시간이 지나면 알게 마련이다. 그 사람에게 진실을 이야기하여 깨닫게 하는 것은 인지상정이다. 아니면 사회정의를 실현하는 것이다. 그래야만 우리사회가 조금씩 정화되어 올바른 사회로 가는 것이다. 그 사람이 그것을 알 리가 없는 데 그것을 알게 되어 시끄럽게 되었다고 하는 것을 보면서 아직도 우리의 정의는 어디로 간 것인가. 자기의 잘못은 인정치 않고 잘못을 지적하여 준사람 때문에 시끄럽게 된 것을 뒤집어 씌우는 것을 보면서 분노가 솟구친다. 과연 이러한 사건의 원인이 누구의 잘못으로 시작되어 일어 난 것인가. 그것도 지성의 전당인 대학에서 일어난다면 정말 믿기지 않는 사건인 것이다.

이런 일이 인간 사회에서만 일어날까. 버섯도 때로는 이런 비슷한 행동을 하는 것을 볼 수가 있다. 물론 버섯들은 생존경쟁에서 살아남기 위한 전략으로 이런 일을 다반사로 한다. 그중의 하나로 나는 덧부치버섯(Asterphora lycoperdoides)를 생각한다. 이 버섯은 무당버섯과의 무당버섯류나, 젖버섯류에 기생하는 버섯으로 무당버섯이나 젖버섯이 이미 다른 유기물을 이용하여 겨우 살아 발생하는 데 이것들이 면역력이 떨어졌다 싶으면 쉬운 말로 한다면 썩기 시작하면 이 버섯들을 영양원으로 하여 발생한다. 그런데 이 기생버섯도 자연생태계에서 분해자의 기능을 하는 데 사실이 버섯은 무당버섯이나 젖버섯류가 생태계의 중요기능인 분해기능을 다 해서 무당버섯이나 젖버섯류는 자연히 썩게 마련이다. 그런데 이 기생버섯도 자연에서 훌륭한 분해기능을 한 것으로 이해가 된다. 이렇게 나는 억지로 비유하여 본다. 이 기생버섯도 자기가 자연에서 제일 훌륭한 분해자라고 외칠 것이다. 자기는 우리가 흔히 말하는 나무같은 것은 하나도 분해하지 않고 말이다. 마치 자기가 최종 분해자인 양 생각하리라 본다. 최종분해자로 간주 되지만 실상은 무당버섯류나 젖버섯류가 아주 중요한 분해기능을 하였다는 것을 알아야한다.

냄새무당버섯

사람이나 버섯같은 생물도 살다보면 어쩔 수 없는 상황에 부딪칠 수가 있다. 그러나 사람들이 적반하장격의 행동을 하는 사람을 보면 자기의 이익, 명예를 위해서 남이 받아야하는 손해를 전연 생각하지 않는다. 사람도 자기가 살기 위한 방편으로 적반하장적인 행동을 한다면 그래도 연민의 정이 느껴지게 마련이다. 자기의 생존하고는 전혀 관계가 먼 오로지 욕심만을 위해서 하는 행동이 대부분이 이기 때문이다. 그 욕심이 남에게 얼마나 실망감과 손해를 주는 지를 전혀 모르고 있기 때문이다. 이런 사람일수록 자기변명에 능하고 그럴사한 말로 다른 사람에게는 설득이 되어 도리어 정정당당한 사람으로 평가받는 것이 비일비재하다. 거기에 비하면 버섯들은 생존과 종족 보존의 몸부림이기 때문에 사람보다는 훨씬 동정이 가게 마련이다(2009.7).

제 5 부 새 출발

자연사 박물관의 단상

경주자연사 박물관 포럼이 지난 2월 17일 경주의 보문단지 내에 있는 콩코드호텔에서 개최되었다. 포럼 조직위원에서 교통비, 숙박비를 부담한다고 하여 정연구원과 함께 가게 되었다. 17일은 올 들어 제일 추운날씨로 영하 10도 이하로 수은주가 내려가는 맹추위였다. 서울서 경주를 가는 것은 이번이 처음이라 사실 약간 마음이 설랬다.

나는 무엇보다 휴게소에서 간식거리로 우동 사먹는 것을 기대를 한다. 옛날에 기차를 타고가다 잠간 쉬는 시간에 우동을 사먹든 즐거움이 아련한 추억을 불러일으키기 때문이다. 8시10분 고속버스에 몸을 싣고 잠을 청하였는데 잠깐 눈을 뜨니 터널을 지나가고 있다. 경부고속도로로 가는 것이 아니라 중부 내륙고속도로 가는 것 같다. 지금은 도로망이 잘 되어서 빠른 지름길로 가는 것이라 생각 되었다. 중간 휴게소인 선산에서 휴식을 위하여 정차하였다. 경주는 3시간 50분정도 소요되어 12시경에 도착하였다.

버스에서 내리니 거리가 거의 경주빵, 황남빵을 파는 가게가 즐비하다. 대개 터미널 주변은 음식점이 많은 것이 보통인데 웬 빵 가게가 많은지 놀랐다. 경주 버스터미널 근처의 농협에서 돈을 찾고 점심을 먹고 택시를 타고 호텔로 갔다. 호텔에 도착하니 마침 포럼 위원장인 호서대의 홍성수 교수를 만나서 인사를 나누었다. 참석자들은 주로 사립박물관을 운영하는 분들과 경주시청 직원들 같았다. 새와 환경, 공룡, 지질 다양성 등에 대하여 발표하고 토론을 하는 순서로 진행되었다. 막대한 돈과 시간을 들이는 포럼인데 주제도 엉성하기가 짝이 없었다. 토론 시간에 문화관광부 관계자의 이야기가 귓가를 스치고 있다. 지금 지방 자치단체에서 국립자연사박물관의 건립을 유치하려고 하는데 문제가 많다는 것이다. 국가에서 돈을 주면 건물을 짓는 데는 별 어려움이 없다. 그러나 전시할 유물이나 자료는 어떻게 하려고 하느냐 물으면 돈을 주고 외국에서 사다 놓겠다고 한다는 것이다. 그러면 그것이 진정 한국의 자연사 박물관이라 할 수 있겠는가 하는 것이다. 경주도 사전 연구 같은 계획도 없이 추진하려고 한다는 생각이 들었다. 조언을 한다면 타당성이나 경제성을 따져볼 필요가 있다. 그리고 경주에는 국립 경주박물관이 있다. 이 박물관과의 차별화 같은 것에 대한 사전 연구가 있어야 하지 않을까 생각한다. 그리고 경주는 국립공원으로 되어 있기 때문에 종합적인 사전 연구가 있어야 할 것이라 생각되었다.

나도 지금 모 군과 버섯박물관을 건립하려고 하는 데 건물 짓는 데만 신경을 쓰지 박물관에 전시할 내용은 별 관심이 없는 것 같은 느낌이 든다. 사실 자료가 있으면 이것을 가공하여 어떻게 보여 줄 것인가 생각을 하지 않고 있다. 자료를 어떻게 전시하는가는 박물관을 찾는 관람객들에게 중요하다. 박물관의 역할의 하나는 과거와 현재를 연결시키고 미래를 예측하는 가교가 되어야 한다. 그리고 경제성을 많이 따지는 데 그것은 박물관에 오는 사람들이 즐겁고, 재미있고, 공부가 되어야 하고 추억거리를 만들 수 있어야 한다. 그래야 다시 찾아오는 박물관이 된다면 경제성은 어느 정도 확보된다. 자연사 박물관이 전세계에서 없는 OECD 국가중 우리나라가 유일한 나라일 것이다. 북한도 자료에 보면 2개의 자연사 박물관을 보유한 나라로 나와 있다. 자연사박물관의 건립에 뜻을 가졌다면 건립의 기본적인 연구가 선행 되어야 할 것이다. 아무튼 좋은 자연사 박물관이 세워지기를 기대한다.

30여년 전 영주의 영광여고에서 같이 근무했던 정환무 선생 내외분을 커피타임시간에 호텔에서 만나기로 약속해서 반갑게 해후를 했다. 저녁 만찬에서 정선생 내외와 담소하면서 즐거운 시간을 보낼 수 있었다. 이렇게 옛 동료 선생님을 만날 수 있는 기회가 있어서 경주까지 오게 된 것이다. 오늘의 만찬은 상당히 좋은 음식이 제공되었다. 먹거리가 고급스러워서 제일 늦게까지 여러 이야기를 나누는 즐거움이 있어서 이곳 먼 경주까지 온 보람이 있었다(2012.3).

나는 버섯을 겪는다

제 5 부 새 출발

정년의 의미

정년(停年)의 의미는 보통 직장에서 직장이 정한 나이가 다 되어서 떠나는 것을 의미한다. 그러나 한자의 의미는 영어의 Stop에 해당한다. 세월이나 나이가 멎은 상태로 해석이 될 수도 있다. 그래서 인지 정년을 어떻게 생각하든 그것은 사람에 따라 다를 수가 있는 것이다. 이제 나도 직장을 떠나면서 나는 정년에 별 의미를 부여하지 않는다. 남들이 가끔 정년을 이야기하여 나도 정년을 하는가 보다라고 생각할 뿐이다. 우선 우리 가족들이 별 관심이 없는 것 같다. 그것은 내가 다른 일을 계속하려고 계획하고 하고 있기 때문일 것이다. 나도 하나도 실감이 나지 않는다. 그저 다른 직장으로 옮기는 기분이다. 사실 내가 중고등학교에서 다른 중고등학교로 직장을 옮기고 또 대학으로 자리를 옮기는 그런 기분이다. 새로운 일터를 찾아 떠나는 것이다. 다른 점이 있다면 지금까지는 이미 마련된 곳에서 나의 본분인 가르치는 일만 하는 것이지만 이제는 모든 것을 내가 마련하고 거기서 새 출발을 하는 것이 다른 점이다. 그러나 사실 이것은 엄청난 변혁이다. 남이 다 만들어 놓은 곳에 쉽게 말하면 차려진 밥상에서 숫가락만 들고 밤만 맛있게 먹으면 되는 일이었다. 그러나 지금 나는 밥상을 직접 차려야 하는 것이다. 어떤 반찬거리를 사고, 어떤 식으로 식단을 짜야하는 일까지 해야 하는 정말 어렵고 번거러운 일이다.

사람들은 정년을 하고 나면 무엇을 할까를 고민들을 많이 하는 것 같다. 그렇지만 나는 버섯의 연구를 해 왔기 때문에 계속 할 것이다. 이제는 더 여유롭게 시간을 내어서 슬로우 모션(Slow motion)으로 채집하고 더 세밀하게 관찰하고 정리를 하게 될 것 같아서 마음이 설레이고 홀가분하다. 나를 아는 사람들은 당신은 정년을 하고 나서도 할 일이 많아서 좋을 것이라고 말을 하는 데 맞는 말이다. 나는 정년을 하면 더 바빠질 것 같은 예감이 든다. 박물관작업을 해야 하고, 연구소를 해야 하는 등 그 수반되는 여러 가지 일을 내가 직접해야 하기 때문이다. 저술 작업도 해야 하고, 숲해설가협회 같은 곳에 강의도 나가야하고 그동안 소홀 하였든 버섯동호인에도 참석해야하는 것이다. 특히 지금 자연환경보전협회 일을 책임지고 있어서 더 열심히 협회 살림을 꾸려야할 것 같다.

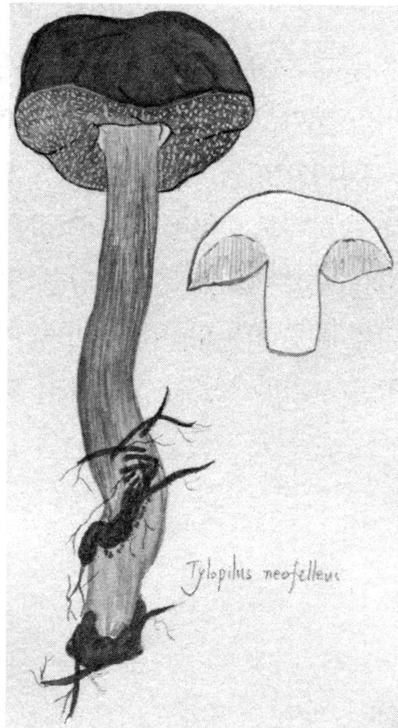

제주쓴맛그물버섯

정년하면 인생의 끝으로 생각하고 모든 것에서 손을 놓고 쉬는 것으로 생각하지만 나는 새로운 인생의 시작이라 생각한다. 어쩌면 설레임과 두려움이 있는 것은 마치 신입생이 학교에 들어가서 선생님, 친구들과의 관계를 생각하는 것 같은 기분이다. 따라서 거기에는 희망찬 새로운 미래가 펼쳐지리라 꿈을 꾸기도 한다.

매스콤 등에서 언제나 보도하고 전문가들이 말하는 것을 들으면 정년후 15년에서 20년을 대비해야 한다고들 말한다. 그것은 평균 수명 늘어났기 때문이다. 그래서 정년을 하고도 놀지 말고 무언가 일을 하여야한다고 강조한다. 맞는 말이지만 그것이 어디 쉬운 일인가.

지금 까지는 눈치를 보지 않아도 되는 곳에서 내 직장 생활을 하였다. 대학은 간섭을 안 받고 연구와 수업을 하는 곳으로 생각하지만 알게 모르게 스트레스를 받게 되는 것이다. 그것이 사립학교라면 더 말할 나위가 없다. 그래서 하고 싶은 일도 사실 뜻대로 하지 못하고 눈치를 보아 온 것도 사실이다. 정년은 좀더 여유롭게 하고 싶은 일을 하면 더 능률적이어서 좋은 결과도 기대되리라 본다. 정년의 개념을 어떻게 생각하느냐는 각자의 생각이지만 나는 새로운 내 인생의 시발점으로 삼게 될 것이다. 이제는 정말 내가 하고 싶은 것을 내 계획대로 마음껏 해보고 싶은 것이다. 그러면 무엇을 뜻있게 해 나갈 것인가를 나름대로 생각하고 있다. 물론 그것이 내 뜻대로 된다는 보장은 없다. 오히려 잘못하여 피곤한 삶이 될 수도 있을지 모른다는 생각도 한다. 그러나 인간은 그러한 것을 슬기롭게 극복하여 나가는 동물이 아닌가(2011.4).

제 5 부 새 출발

고별강연

내가 고별강연을 생각하게 된 동기는 40년 10개월이라는 세월을 국가의 미래를 짊어질 청소년들과 지내왔기 때문에 무언가 감회가 서리는 것은 확실하다. 내 생활의 반평생을 학생들과 살아왔다. 내 삶의 시작을 학생들 앞에서 시작하였기 때문에 떠나는 것도 학생들 앞에서 떠나는 것이 마땅하다고 생각하였기 때문이다. 다른 유명 인사처럼 거창하게 학교강당이나 호텔에서 할 만한 위치에 있지도 않지만 나는 나의 평소의 소신대로 떠나는 것도 의미가 있을 것 같은 생각이 들었다. 지금은 정년퇴임이라고 하여도 별 의미 있는 퇴임식을 본적이 없다. 너무 형식적이어서 그런 퇴임식을 하느니 나름대로의 의미있는 퇴임식을 하고 싶었다. 년 전에 총장 퇴임식을 보니 강당에서 거창하게 진행되는 데 그날 퇴임하는 일반 교수들은 너무 초라한 느낌이 들었다. 오히려 학생을 가르치고 헌신한 것은 일반 교수들이 아닐까. 한국적 사고는 높은 사람 위주로 모든 것이 이루어지는 것에 마음이 착잡한 적이 있다. 어떤 분들은 시내 호텔에서 거창하게 퇴임식을 하는 것도 보았고, 참석도 하였지만 별 감동을 받은 기억이 없다. 또한 강단에서 몇 십년을 보내고도 아무런 흔적도 없이 교단을 떠나는 것이 어쩌면 훌륭하다고도 할 수 있지만 한편 생각하면 너무 쓸쓸한 감이 드는 것도 사실이다. 아직 본교에서는 이런 행사를 한 교수가 없었다. 나는 이것도 대학 문화의 창조라 생각한다. 몇 십년을 강의하고 연구한 곳을 떠나는 선배교수들의 뒷모습을 보면서 왜 초라하게 보이는 지 나만의 지나친 과민성반응 일런지 모른다. 꼭 대학의 총장을 하고, 정년퇴임식을 많은 하객이 모인 곳에서 거창하게 하면서 떠나는 것만이 훌륭한 것은 아니다. 평교수로 학생들을 가르치고 연구한 것이 더 당당하지 않은지 자문해 본다.

고별강연

고별강연에서 나를 뿌듯하게 한 것은 생물학과 시절에 가르친 문하생들이 꽃다발을 들고 와서 축하하여 준 것이다. 그중에는 이학박사, 철학박사, 연구소 연구원, 사업가 등의 문하생들을 보면서 마음이 뿌듯하였다. 이들에게 연락을 하지도 안았는데 누군가 전해준 소문으로 찾아온 그들에게 고마움을 느끼며 오래 기억 될 것이다. 그리고 버섯동호인 회원들, 그리고 대학원에서 같이 공부하고 연구한 문화생들이 참석하여 자리를 빛내 준 것에 대하여 감사를 드린다. 우리학과 재학생들도 다수 참가하여 성황을 이루었다.

고별강연의 제목은 “고난과 역경은 나의 스승” 이라는 제목으로 1시간 정도 강연하였다. 사실 오늘의 나를 이만큼 있게끔 하여 준 것은 고난과 역경의 덕이라 생각한다. 이런 고난과 역경이 나를 단단하게 만든 것이다. 어려움이 닥칠 때마다 여기에서 내가 쓰러지면 모든 것은 끝이다 라는 생각으로 버티고 잘 참아 왔다. 어려움을 극복해야 한다는 일념으로 생활하였다. 공자의 논어에 고궁(固窮)이라는 말에 맞게 달인으로 된 것이다.

이제 나는 공식적인 대학의 강의를 끝내지만 앞으로도 난 꿈을 꾸면서 살아갈 것이다. 사람은 언제나 자기가 머무르는 곳에서 다음 단계로 도약을 준비하여야 발전이 있는 것이다. 내가 중고교에서 전문대학으로 전문대학에서 다시 대학으로 올라간 것은 끊임없는 꿈과 희망을 가지고 노력하였기 때문이다.

정년은 내 꿈과 희망의 끝이 아니라 시작이라 생각한다. 그래서 희망과 꿈으로 나는 설레인다. 내년엔 백두산의 버섯도감이 출간될 것이다. 다음에는 우리나라 버섯 2000종에 달하는 모든 버섯을 도감으로 펴내는 작업이다. 그것을 DB로 구축하여 국민에게 서비스 하는 것이다. 마지막으로 문화재단을 설립하는 것이다. 버섯박물관을 금년 상반기에는 우리나라 최초로 개관하리라 본다. 버섯연구소를 설립하는 작업은 별 어려움이 없이 진행되고 있다. 그래서 한국 버섯연구의 메카로 만드는 것이고, 마지막으로 장학사업을 하는 것이 나의 소박한 꿈이다.

이런 과정에서 고난과 역경은 앞으로도 나에게 수 없이 닥쳐올 것이다. 그것은 내 인생의 꿈을 이루는 원동력이 될 것이다. 생을 마감하는 날까지 꿈과 희망을 가지고 살아 갈 것이다. 인생은 꿈꾸는 자의 몫이기 때문에(2011.2).

편집후기

이 글을 책으로 엮은 데는 전부 나의 고집 때문이다. 처음 내 이야기를 들은 아내는 누가 이 글을 읽겠는가, 누가 그런 책을 사겠느냐고 핀잔 아닌 핀잔이었다. 그만 둘가 하는 마음이 흔들린 것도 사실이다. 물론 책을 내는 월간버섯사도 시쿵둥하기는 마찬가지다. 옛날의 책들은 누구에게 팔기위해서 집필한 것은 아니다. 자기의 사상과 시대상의 옳고 그름을 비판하기위한 수단이 많았을 것으로 안다. 그렇게 선비들이 붓으로 쓴 책이 전부 오늘날 소개되고 읽히는 것은 아니다. 그중의 일부만 제목과 간략한 내용이 전해지고 있을 뿐이다. 그렇게라도 되면 굉장한 성공작이다. 대부분은 세월의 뒤안길로 사라지게 된다. 더욱이 이 글은 전부 나 자신의 신변잡기와 생소한 이야기이기 때문에 거들떠 보지도 않을 것이라는 것을 나는 안다. 그래도 몇 년 전에 버섯을 재배하는 분으로부터 "월간버섯"을 받으면 제일먼저 읽는 기사가 내가 쓴 컬럼이라는 말을 들었을 때 뿌듯한 적도 있다. 누군가 내 글을 읽어주는 사람도 있구나 하는 생각이 책으로 묶게 된 동기다. 40여년의 버섯과의 생활에서 한번쯤 어떤 형태로든 마무리를 하고 싶은 욕망도 함께 작용하였음을 밝힌다.

저자 약력

성　명 : 조 덕 현

현　재 : 경희대학교 자연사박물관

과　거 : 경희대학교 생물학과(학사), 고려대학교 생물학과(석사, 이학박사), 영국 레딩대, 일본 가고시마대학, 일본 오이타현 버섯연구지도센터에서 연구, 광주보건대학, 우석대학 교수

경　력 : 한국자연환경보전협회회장, 한국자원식물학회회장, 전북농업기술원 겸임연구관 과학기술앰배서더, 세계 버섯축제 조직위원장

수　상 : 과학기술우수논문상(과총), 전북대상(전북일보), 자랑스러운 전북인상 (전라북도), 황조근조훈장 (대한민국) 외 다수

저　서 : 한국의 버섯 도감 I(공저, 저숲출판, 2010), 한국의 식용 · 독버섯도감(일진사, 2009, 학술원우수학술도서), 조덕현의 재미있는 독버섯이야기(양문, 2007, 과학문화재단4), 나는 버섯을 겪는다(한림미디어, 2005), 제주도버섯(공저, 일진사, 2004), 원색한국버섯도감(아카데미, 2003), 버섯(지성사, 2001, 중앙일보 선정우수도서), 암에 도전하는 동충하초(공저, 진솔, 1998), 한국의 버섯(대원사, 1997), 이외에 버섯, 생물 등에 관한 저서 20권

사이트 : 한국의 버섯 : http://mushroom.ndsl. kr
GIBIF Data Portal : http://data.gbif.org
가상버섯박물관 : http://vsm.kisti.re.kr
종보존균류도감 : Http://nature.go.kr

방　송 : 뿌리깊은나무(KBS 2), 신년특집(YTN), 갑사(MBC), 어린이과학탐험대(SBS) 등

버섯과 함께한 40년

인 쇄 2013년 1월 25일 1판 1쇄
발 행 2013년 3월 5일 1판 1쇄

지은이 조 덕 현
펴낸곳 한림원 출판사
펴낸이 조 민 재
주 소 서울특별시 중구 퇴계로51길 20 1303(오장동, 넥서스타워)
전 화 02-2273-4201
팩 스 02-2273-4240
홈페이지 www.hanrimwon.co.kr

가 격 15,000원